湖北省公益学术著作出版专项资金资助项目

中国城市建设技术文库

丛书主编 鲍家声

Research on Urban Green Space Pattern Optimization
Based on Stormwater Regulation-Storage Potential

基于雨洪调蓄能力的
城市绿地系统格局优化研究

许涛 著

华中科技大学出版社

http://press.hust.edu.cn

中国·武汉

图书在版编目（CIP）数据

基于雨洪调蓄能力的城市绿地系统格局优化研究 / 许涛著. —武汉：华中科技大学出版社，2023.1
（中国城市建设技术文库）
ISBN 978-7-5680-8961-6

Ⅰ. ①基… Ⅱ. ①许… Ⅲ. ①城市绿地－绿化规划－研究－中国 Ⅳ. ①TU985. 2

中国版本图书馆CIP数据核字（2022）第238151号

基于雨洪调蓄能力的城市绿地系统格局优化研究　　　　　　　　　　　　　　　许涛　著
Jiyu Yuhong Tiaoxu Nengli de Chengshi Lüdi Xitong Geju Youhua Yanjiu

出版发行：华中科技大学出版社（中国·武汉）　　　　　　　　电话：（027）81321913
地　　址：武汉市东湖新技术开发区华工科技园　　　　　　　　邮编：430223

策划编辑：贺　晴　　　　　　　　　　　　　　　　　　　　　封面设计：王　娜
责任编辑：赵　萌　　　　　　　　　　　　　　　　　　　　　责任监印：朱　玢

印　　刷：湖北金港彩印有限公司
开　　本：710 mm×1000 mm　1/16
印　　张：13. 5
字　　数：226千字
版　　次：2023年1月第1版 第1次印刷
定　　价：98. 00元

投稿邮箱：heq@hustp. com
本书若有印装质量问题，请向出版社营销中心调换
全国免费服务热线：400-6679-118 竭诚为您服务

作者简介

许涛，天津大学建筑学院风景园林系副教授、硕导，北京大学人文地理学博士，中国城市科学研究会景观学与美丽中国建设专业委员会委员、天津市城市规划学会风景环境规划设计学术委员会委员和智库专家、中经报智库专家、天津大学建筑学院东方景观与遗产研究中心执行主任，《景观设计》和《城市·环境·设计》（UED）期刊审稿人。研究方向为城市雨洪管理、景观生态规划、景观文化遗产保护。主持国家自然科学基金青年项目1项，天津市哲学社科规划项目1项，教育部重点实验室开放基金项目1项，天津大学自主创新基金项目1项，参加国家级、省部级课题13项，发表学术论文近20篇。

国家自然科学基金青年项目"基于雨洪调蓄能力的城市绿地系统格局优化研究"（编号51808385）

高密度人居环境生态与节能教育部重点实验室开放基金"海绵城市建设背景下的绿地系统优化途径"（编号20210110）

天津大学自主创新基金"基于城市内涝防治的绿地系统优化途径"（编号2021XSC-0131）

序

　　近三十年来，中国发生了剧变，既面临发展的机遇，又面临环境问题凸显、人地矛盾加剧的挑战。自 2013 年"海绵城市"理念提出至今，海绵城市建设的理论和技术方法亟待梳理和总结。本书从绿地系统的视角切入，对城市绿地系统雨洪调蓄能力、流域水文模型和绿地景观格局及优化三个方向的国内外研究成果进行了梳理，基于 SCS 流域水文模型和 SA 算法开发了基于雨洪调蓄能力的绿地系统格局优化模型 GSPO_SRS，实现了对绿地系统最优格局的求解。本书以北京大石河流域上游地区为例，采用分级优化的思想，在流域尺度上对绿地系统进行优化配置，在集水区尺度上对绿地系统进行空间优化，实现了绿地系统多尺度优化，为"海绵城市"的建设落地提供了空间决策支持。

　　本书的研究工作得到了北京大学建筑与景观设计学院俞孔坚教授和李迪华副教授的悉心指导。感谢王浩院士、曹磊教授、吕斌教授、崔海亭教授、黄润华教授、许学工教授、陈彦光教授、车伍教授、李俊奇教授、谢映霞教授、王志芳副教授、汪芳教授、叶正芳教授、刘海龙副教授、赵晶博士、姜芊孜副教授、李溪副教授、王苗副教授等专家学者为本书撰写提出的宝贵意见。感谢华中科技大学出版社贺晴编辑为本书出版的辛勤付出。

　　感谢国家自然科学基金青年项目"基于雨洪调蓄能力的城市绿地系统格局优化研究"（编号 51808385）、高密度人居环境生态与节能教育部重点实验室开放基金"海绵城市建设背景下的绿地系统优化途径"（编号20210110）、天津大学自主创新基金"基于城市内涝防治的绿地系统优化途径"（编号2021XSC-0131）对本书研究工作的支持。本书有幸被收录到"中国城市建设技术文库"丛书中，感谢湖北省公益学术著作出版专项资金对本书出版的资助。

许涛

于天津大学建筑学院水利馆

2022. 12. 5

目　录

1

绪　　论

近年来，在全球气候变化和快速城市化的背景下，极端降水事件和不合理的土地开发利用，导致干旱和内涝事件频发，严重威胁了城市居民的生命和财产安全。住房和城乡建设部对全国 351 个城市 2008—2010 年内涝事件作调研后发现，62% 的城市都发生过内涝事件，其中发生 3 次以上内涝事件的城市有 137 个，水资源短缺和逢雨易涝已成为很多城市的通病。

2013 年 12 月 12 日，中央城镇化工作会议提出"在提升城市排水系统时要优先考虑把有限的雨水留下来，优先考虑更多利用自然力量排水，建设自然积存、自然渗透、自然净化的'海绵城市'"。2014 年 11 月 2 日，住房和城乡建设部发布了《海绵城市建设技术指南》，研究城市雨水开发体系，构建科学完善的城市水循环系统，治理城市内涝顽疾，还尤其强调了利用城市绿地系统来进行雨洪调蓄。2014 年底至 2015 年初，海绵城市建设试点工作全面铺开，并产生第一批 16 个试点城市。2015 年 9 月住房和城乡建设部成立了"住房和城乡建设部海绵城市建设技术指导专家委员会"，学者在海绵城市的建设中发挥了越来越重要的作用。俞孔坚等（2015a）、车伍等（2015）、仇保兴（2015）等学者对海绵城市的理论内涵和建设方法进行了深入研究，提出了集古今中外技术为一体的多尺度海绵城市建设途径。

目前，我国城市在内涝和雨洪管理方面还存在问题，急需新的思路和方法来解决。

首先，我国城市内涝问题严重。

在全球气候变化和城市化背景下，世界各国城市的水资源短缺、洪涝灾害、水质污染等水问题频发，给城市的健康持续发展带来了巨大的威胁和挑战。世界大约有 80% 的人口生活在水安全面临高度危险的地区（Vörösmarty et al., 2010）。近年来，我国城市内涝事件频发，如 2007 年的山东济南"7·18"内涝事件、2008 年的广东深圳"6·13"内涝事件、2012 年的北京"7·21"内涝事件。逢雨易涝已成为很多城市的通病，城市道路、广场和居住区则是内涝的多发地。

城市内涝是对城市雨洪过程改变的响应，是威胁城市安全的水灾害之一。国内外学者对城市内涝问题的研究主要分为三个方向。一是城市内涝成因和机制研究，Verstraeten 和 Poesen（1999）利用问卷调查和搜集报刊报道的方式对比利时中心地区 1987—1997 年所发生的内涝及泥水型涝灾进行了分析，总结出研究区内涝的主要影响因子是土地利用和地形。二是城市内涝模型模拟和风险评估是近几年的研究热点，Kluck 等（2010）以荷兰阿珀尔多伦为例，利用高精度的数字高程模型（DEM）和土地利用数据，基于地理信息系统（GIS）软件实现了将城市雨洪通过地图表达。张冬冬等（2014）将城市内涝风险评估方法归纳为历史灾情数理统计法、指标体系法、水文水力学模型与仿真模拟法三大类。三是城市内涝对策研究，包括雨水花园、绿色屋顶、人工湿地等雨洪调蓄措施在径流总量、洪峰流量及径流水质控制方面的研究（Berndtsson，2010；Debusk，Wynn，2011；赵晶，2012b）。此外，城市排水系统和排水规划的制定也是对策研究的一个重要方面（张智，祖士卿，2011）。

笔者从水系统弹性（俞孔坚等，2015b）的角度，采用灰箱模型对全国 238 个地级及以上城市内涝弹性进行了评价，结果表明，与中部城市相比，沿海城市内涝恢复能力更强；与北部城市相比，南部城市内涝适应能力更强；中小城市比大城市内涝适应能力更强。位于滦河流域、海河流域、长江流域、东南诸河流域和西南诸河流域下游的城市内涝抵御能力较弱。内涝弹性强、弱的城市都呈集群分布，珠三角城市群、长三角城市群的城市内涝弹性较强，京津冀城市群、关中平原城市群的城市内涝弹性较弱。研究还发现城市立交桥区域是城市内涝的高发区，建成区内的城市绿地由于布局、形式等问题并没有有效改善城市内涝弹性（许涛等，2015）。

其次，气候变化和城市化加剧了我国城市内涝问题。

气候变化和城市化引起了极端降水事件增加、不透水面增加、绿地减少、城市水系和排水系统改变、建设用地布局不合理，从而导致城市径流量增加、下渗量减少、汇流时间缩短、地形变化，产生了巨大的城市内涝风险（图 1.1）。

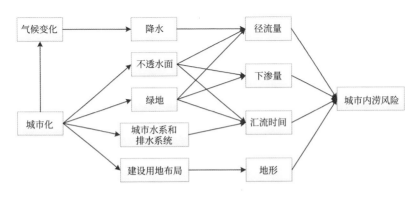

图 1.1　气候变化和城市化对城市内涝的影响

①降水。在全球变暖趋势下，人类的生存环境、自然的生态系统已经并将继续发生一系列变化，自然灾害的加重就是全球变暖带来的一个方面的影响。极端气象事件增多，进而导致台风、暴雨频率和强度增大，使城市面临更高的内涝灾害风险（张建云等，2008）。

快速城市化带来的城市热岛效应和雨岛效应改变了城市降水的时空分布，中心城区成为暴雨中心。Shepherd（2006）对美国西部、阿拉伯干旱地区的降水研究表明，城市化后的降水量比城市化前平均增多 12% ～ 14%。Mote、Rose 等的研究也证明城市区域能激发或者增加降水（Mote et al.，2007；Rose et al.，2008）。国内学者的研究也有类似的结论，在相同的气象条件、变化的下垫面因素影响下，城市化发展迅速的城区降水量增幅大于郊区（李娜等，2006；刘澧沅，王成新，2009；许有鹏等，2009）。

②不透水面。城市的发展使得大面积的林地、草地、耕地等转化为城市居住地，下垫面的变化直接影响着水分在区域中的运行和再分配过程，改变了水分在时空尺度上的循环转化规律。大量研究表明，城市化对城市产汇流过程的影响已十分显著（Hollis，1975；Allen，Bejcek，1979；Schueler，1994；Shuster et al.，2005）。早在 20 世纪五六十年代，欧美学者就开始研究城市化对水文过程的影响。1974 年召开的国际水文十年大会总结了 1965—1974 年城市化水文效应的研究成果，包括：自然集水区面积减小 20% 会导致径流峰值增加 1 倍；不透水铺装取代自然地表会减少雨水的下渗量（Mcpherson，1974）。Livingston 的研究表明：不透水面率为 10% ～ 20% 时，径流量是自然情况下的 2 倍；为 35% ～ 50% 时，径流量是自然情况下的 3 倍，为 75% ～ 100% 时，径流量是自然情况下的 5.5 倍（Livingston，Mccarron，1992）。此外，由于不透水面的粗糙系数远小于绿地的、湿地等生态用地的，因此径流汇流时间大大缩短（Shuster et al.，2005）。

③绿地。城市绿地对雨洪具有调蓄作用（Peng et al.，2008；Ostendorf et al.，2011；Brody，Highfield，2013）。在城市化进程中，绿地面积不断缩小，城市下渗能力、截留雨水径流和蓄滞雨洪的能力大大下降，从而导致城市的径流量增大，汇流时间缩短，增加了城市内涝风险。Sathiamurthy 等（2007）对马来西亚 Rambai 河上游径流变化的研究表明，农田的大量消失会引起下游地区洪水峰值的升高，当这

些蓄水空间消失 50%~100% 时，洪水峰值会增加 9% ～ 22%。损失相同比例的蓄水空间时，离农田消失区域较近（500 m）的下游河流洪水峰值流量会增加 2.5 ～ 3.25 倍。Kurfis 等（2001）的研究表明，1978—1999 年佛蒙特大学周边学生住区的绿地减少了 10%，利用 *CN* 值（经验性的、综合反映降雨前流域下垫面特点的参数）和径流模型模拟十年一遇的 6 小时降水事件发现，径流总量和峰值都增大了约 10%。

④城市水系和排水系统。城市水系具有供水、蓄水、排水等功能，城市化对水系产生了重大影响，使水系结构趋于简单（袁雯等，2005）。一方面，为满足"以排为主"的防洪需求，河道被裁弯取直，被混凝土包裹，从而丧失了雨洪调蓄功能，导致径流速度加快，排洪时间缩短，加大了下游地区的洪涝风险；另一方面，现代城市建设用地需求增加，为了解决用地不足的问题出现了"与水争地"的现象，河流被建设用地粗暴地"填""断""盖"，使雨洪失去了宣泄的通道（俞孔坚，李迪华，2003）。例如历史上，菏泽古城曾有"七十二坑塘"，坑塘面积约占全市面积的 30%，而近年来随着城市开发建设，坑塘水体被大量填埋，城市水面率逐年下降，到 2000 年约下降了一半，仅占城区面积的 16.2%（Yu et al.，2008），水面率的下降导致了菏泽城区内涝灾害多发。

城市中用于排除雨水的管网系统也会带来负面的影响。一方面，雨水管网因维护和管理不当会出现顶托、雨水口或管道堵塞、损坏等问题，从而加剧城市地区的积水矛盾；另一方面，径流在管道中的流动速度远远大于其在自然地表上的流动速度，这种高速的汇流会在流域出口处形成巨大的峰值流量，同时也会缩短径流的汇流时间和峰现时间，进而导致城市面临更大的内涝风险（Hollis，1975）。

⑤建设用地布局。城市中的水敏感地带被建设用地侵占，而且城市建设往往忽略自然过程，尤其是水文过程，会对自然资源禀赋良好的地区造成破坏。下渗良好的土壤被不透水的铺装所取代，导致径流总量和洪峰流量增加，地下水无法回补等（俞孔坚等，2003）。在经济利益的驱动下，湖滨、河滨滩地，以及地势低的洼地和池塘被填平修房筑路，这种不合理的开发建设带来了城市高内涝风险（De Bruijn，Klijn，2001；Vis et al.，2003）。由于地形原因，城市立交桥区域也是内涝高风险区（陈筱云，2013）。

再次，我国城市雨洪管理存在一些问题。

①理水理念：过分强调"排"，忽略"调"和"蓄"。即使在缺水的城市，雨水和洪水的资源性也常被忽略，成为唯恐避之不及的灾难和废物，大多数城市对于洪涝的治理理念，都以排为主，通过拓宽行洪道、裁弯取直、渠化河流、增大排水管网的密度和管径等所谓"高效"的排水系统将雨水和洪水快速地排出城市。一旦城市发生洪涝事件，所有的矛头又都指向城市排水系统，把责任归咎于防洪标准、管网设计标准低，河道淤积，设施老化，管理混乱等。2012 年北京"7·21"、2013 年西安"5·28"、昆明"7·19"及沈阳"8·16"等洪涝事件表明，单纯强调"排"的理水理念并不能解决城市洪涝问题，反而会加重城市洪涝灾害。现代城市的洪涝治理不应该只考虑"排"，而应该建设城市"海绵系统"，增加"调"和"蓄"。

②条块分割、各自为政的水资源管理方式。我国水资源管理机构众多，"九龙治水"、各自为政的局面造成了条块分割、跨地区跨部门协调。水利部门主管江河湖库等水源地、农村水利及防汛抗旱；建设部门负责城市供水和排水；环保部门管理城市水体污染。条块分割、部门间缺乏合作、水资源管理技术手段有限，导致了城市规划、景观规划、水系规划、防洪规划、水利规划、绿地规划等相互间缺乏联系，彼此间更多的是冲突和矛盾，而不是协调和互补，城市水资源管理困难重重。

我国的水资源管理是不断地解决"瓶颈"问题：当水资源短缺时，就解决水资源配置问题；当需要用水时，就解决供水问题，如灌溉、水源地保护；当内涝频发时，就解决内涝问题，如增设排水管道；当水污染严重时，就治理水环境。因此，水资源管理是单目标的，不具有多目标性和系统性，也不是可持续的水资源管理模式。

③工程措施的恶性循环。我国城市洪涝治理过分依赖工程措施，一旦某个环节出现问题就会带来严重的后果。城市管网任何一个环节出现问题，如雨水箅子堵塞，支管、干管淤积不畅，河水倒灌等，都会加大城市内涝风险。而为抵抗洪水修筑高标准的防洪堤更是创造了一种安全的假象，这为洪灾易发区吸引了大量的投资，也带来了更高的风险。过分依赖工程措施导致对提高和改善防洪结构的无止境的需要（我国防洪堤防从 1949 年前后的 9 万千米，到 20 世纪 70 年代增加到 11 万千米，到 20 世纪 80 年代增加到 16 万千米，截止到 2019 年增加到 32 万千米，堤线越来越长，堤身越来越高，而洪水水位也越来越高），从而限制了河流系统的自然过程，形成了恶性循环（De Bruijn et al., 2001）。

防洪堤不仅影响了洪水过程，对城市排涝也产生了影响，产生了"围城"效应，"外面的水进不来，里面的水出不去，甚至会出现外面的水能进来，但里面的水出不去的情况"。城市受到暴雨侵袭产生内涝后，需要通过排涝泵站将积水泵入附近的河流，一方面高标准的防洪堤抬高了堤身，为此需要更大功率的水泵，消耗更多能源；另一方面，将积水泵入河流，抬高了地下水水位，降低了积水区的下渗率，从而加大了城市内涝风险。

最后，我们急需新的思路和方法来解决内涝问题。

很多国家和地区已经开始意识到城市化和传统排水系统的弊端，意识到解决城市雨洪问题的紧迫性和保护自然过程的重要性，需要用一种新的思路而不是单纯地用雨水排除的方式来解决城市内涝问题。从 20 世纪 70 年代起，国外逐步发展了雨洪管理相关的理论和技术体系以应对由过度人为干扰所带来的雨洪问题，并越来越重视充分发挥景观自身的雨洪调蓄能力。

我国在雨洪管理方面的研究比西方国家起步晚，并且与西方国家有着不同的自然、社会、经济背景。认识、观念、经济发展水平等原因，导致我国的雨洪问题更加复杂。以北京为例，北京是一个严重缺水的大城市，地下水占总用水的比例之高是其他大城市所少见的。在北京，大部分水景观仍需要中水来补充；城市用水需要远距离调水；城市地下形成了巨大的地下水下降漏斗。尽管这样，夏季的雨水仍不能被有效利用，而是作为废物被白白地排到城市以外，不能及时排除的地方则会发生内涝积水。这种激烈的矛盾使得我国在雨洪管理领域仍需要深入研究，需要探索一种环境友好的、可持续的途径来解决城市洪涝问题。

城市绿地系统能够提供多种生态系统服务（Sorensen et al., 1997；李锋，王如松，2004；Haq, 2011；Heinze, 2011；苏泳娴等，2011），其雨洪调蓄能力受到越来越多的关注（Peng et al., 2008；聂发辉等，2008b）。虽然美国、德国、英国、日本、澳大利亚等国家的雨水管理体制各有侧重，但是利用绿地进行雨洪调蓄成为各个雨洪管理体制的共同点。美国的低影响开发、英国的可持续排水体系、德国的雨水管理，都强调了绿地的滞蓄功能，广泛地采用雨水公园、人工湿地、生物处理、绿地下渗等技术手段进行雨洪调蓄。城市绿地已经成为一种缓解内涝和进行雨洪管理源头控制的弹性策略（Vis et al., 2003；Grant, 2010；Cabe, 2011；Brody et al., 2013）。本书将探讨城市绿地系统格局对雨洪调蓄能力的影响，以及如何通过合理的规划布局最大限度地发挥其雨洪调蓄潜力。

针对以上情况，在理论方面，本书以 SCS 流域水文模型和 SA 算法为基础，开发了基于雨洪调蓄能力的绿地格局优化模型（Green Space Pattern Optimization based on Stormwater Regulation and Storage，GSPO_SRS），为研究绿地系统格局与其雨洪调蓄能力的关系，以及绿地系统最优格局的求解提供了技术支持。通过改进模型算法，实现了绿地系统雨洪调蓄能力的多目标优化，并且避免了权重取值问题。同时，本书提出了基于水文过程的格局指标和相对调蓄能力的概念，为研究绿地系统格局及其对雨洪调蓄能力的影响提供了切实有效的方法。基于最优格局的多解性，引入经济学概念帕累托最优解，构建了基于雨洪调蓄能力的绿地系统格局帕累托最优解集，通过分析帕累托最优解集的空间概率分布，能更准确地表征最优格局的空间特征。此外，本书构建了基于栅格的集水区概念模型，通过变量控制，系统地分析了降雨、地形、土壤、绿地率、绿地形式、河流、粒度等因子对绿地系统格局与其雨洪调蓄能力关系的影响，以及基于雨洪调蓄能力的最优格局对上述因子的敏感性，提供了雨洪调蓄能力边际效益最大的绿地率范围，为城市绿地系统规划和布局提供了理论指导。

在实践方面，采用分级优化的思想，在流域尺度上对绿地系统进行优化配置，在集水区尺度上对绿地系统进行空间优化，实现了绿地系统多尺度优化，为"海绵城市"建设落地提供了空间决策支持。GSPO_SRS 模型具有很强的实用性，能为城市规划师、景观设计师、水文工作者提供决策支持。

本书探讨了城市绿地系统格局对其雨洪调蓄能力的影响，并基于雨洪管理调蓄能力从概念模型到实证案例对绿地系统格局进行了优化，具体研究内容包括：①理论模型的构建。主要包括模型假设、SCS 流域水文模型、回归模型、绿地系统优化配置模型和 GSPO_SRS 模型的构建。②基于栅格的集水区概念模型的构建。主要包括模型假设，降雨、地形、土壤、绿地率、绿地形式、河流、粒度等环境变量的设定。

本书采用了文献资料的搜集与整理的方法，通过文献研究对绿地系统雨洪调蓄能力影响因子进行归纳整理，收集研究区 DEM 数据、土地利用数据、数字化河网数据、气象数据、水文数据和社会经济数据等，主要用于优化模型水文模块的验证，以及模型初始环境的设置。借助地理信息系统的空间分析方法，利用 ArcGIS 的水文模块，对研究区的数据进行预处理，包括子流域、集水区的划分，土地利用分类，土壤分类等。模型研究是本书的核心方法，关于模型部分将在第三章进行详述。

本书采用的数据主要包括：30 m 精度的 DEM 数据、土地利用矢量数据、土壤类型矢量数据、1951—2012 年北京市日降水量数据、漫水河水文站 2012 年径流量和峰值流量数据，以及北京市房山区的社会经济数据。数据类型、时间及来源详见第六章（表 6.3）。本书的研究框架如图 1.2 所示。

本书还进行了一些创新，主要体现在以下几个方面。

①开发了 GSPO_SRS 模型，为绿地系统格局优化提供了一种求解方法；对模型进行了改进，实现了多目标优化，同时避免了子目标函数的权重取值问题。

②提出了基于水文过程的绿地系统格局指标，即源头指标、汇流指标、过程指标；提出了相对雨洪调蓄能力的概念，用于反映绿地系统最优格局对降雨、地形等变量的敏感性。

③引入经济学概念帕累托最优解，构建了基于雨洪调蓄能力的绿地系统格局帕累托最优解集，通过分析其空间概率分布，表征绿地系统最优格局的空间特征。

④采用分级优化的思想，利用 GSPO_SRS 模型，在流域尺度上进行绿地系统优化配置，在集水区尺度上进行绿地系统空间优化，为基于雨洪调蓄能力的大尺度流域绿地系统格局优化难题提供了一种解决途径。

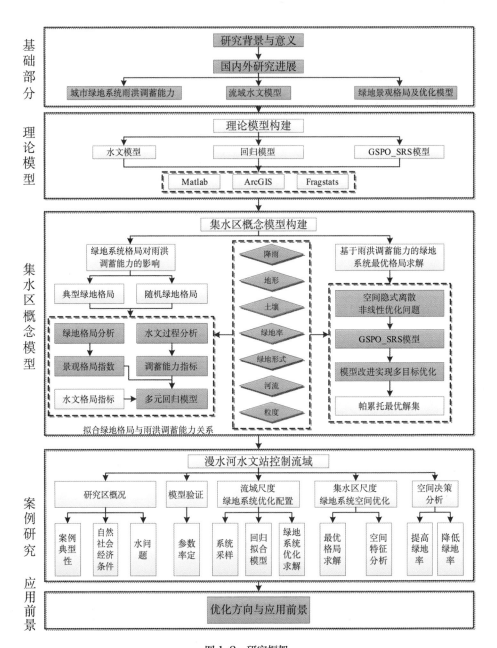

基础部分

理论模型

集水区概念模型

案例研究

应用前景

研究背景与意义

国内外研究进展

城市绿地系统雨洪调蓄能力　　流域水文模型　　绿地景观格局及优化模型

理论模型构建

水文模型　　回归模型　　GSPO_SRS模型

Matlab　　ArcGIS　　Fragstats

集水区概念模型构建

绿地系统格局对雨洪调蓄能力的影响

典型绿地格局　　随机绿地格局

绿地格局分析　　水文过程分析

景观格局指数　　调蓄能力指标

水文格局指标　→　多元回归模型

拟合绿地格局与雨洪调蓄能力关系

降雨

地形

土壤

绿地率

绿地形式

河流

粒度

基于雨洪调蓄能力的绿地系统最优格局求解

空间隐式离散非线性优化问题

GSPO_SRS模型

模型改进实现多目标优化

帕累托最优解集

漫水河水文站控制流域

研究区概况　　模型验证　　流域尺度绿地系统优化配置　　集水区尺度绿地系统空间优化　　空间决策分析

案例典型性　　自然社会经济条件　　水问题　　参数率定　　系统采样　　回归拟合模型　　绿地系统优化求解　　最优格局求解　　空间特征分析　　提高绿地率　　降低绿地率

优化方向与应用前景

图 1.2　研究框架

2

相关概念与理论

本章从相关概念和理论基础出发，对城市绿地系统雨洪调蓄能力、流域水文模型、绿地景观格局及优化模型三个方向的国内外研究成果进行了整理，发现了现有研究中存在的一些问题和值得研究探索的方向，为本书的研究提供了重要的基础性资料。

2.1 相关概念与理论基础

2.1.1 相关概念

1）城市绿地系统

在国内外城市规划和城市生态研究中，关于绿地最常用的 3 个专业术语是城市绿地、城市开敞空间和城市绿地系统。在我国，"城市绿地"和"城市绿地系统"应用较多。

虽然不同行业和学科对城市绿地的定义及分类有所区别，但随着城市规划理论、地理学、生态学、环境科学等相关学科的发展，城市绿地的内涵不断完善。2002 年版的《城市绿地分类标准》，将城市绿地定义为"以植被为主要存在形态，用于改善城市生态、保护环境，为居民提供游憩场地和美化城市的一种城市用地"，体现了绿地的性质和功效。

从城市绿地的研究趋势上来看，在空间上，城市绿地已由传统的小尺度的园林设计扩展到中尺度的城市绿化，并逐步向大尺度的景观规划过渡；在内容上，通过引入新的绿地类型，绿地组成更加丰富完整；在功能上，更多地强调绿地的多元化、系统化和生态化。与城市绿地相比，城市绿地系统被认为是更高层次上的绿地空间组合，反映了系统的整体性、动态性、连续性等特点。

在《中国大百科全书》中，城市园林绿地系统被定义为：城市中由各种类型、各种规模的园林绿地组成的生态系统，用于改善城市环境，为城市居民提供游憩境域 [《中国大百科全书》（第一版）]。《园林基本术语标准》定义城市绿地系统为：由城市中各种类型和规模的绿化用地组成的有较强生态服务功能的整体（《园林基本术语标准》，2002）。而城市规划行业中的定义为：城市绿地系统泛指城市区域内一切人工或自然的植物群体、水体及具有绿色潜能的空间，是由相互作用的具有一定数量和质量的各类绿地所组成的，并具有重要的生态效益、社会效益和经济效益（全国城市规划执业制度管理委员会，2000）。李素英等（2010）对城市绿地系统概念进行了整理归纳，提出城市绿地系统是城市绿色空间中以植被为主体，以土壤为基质，以自然和人为因素干扰为特征，在生物和非生物因子协同作用下所形成的有序整体，并指出它具体包括三方面的含义：①动态的多功能系统；②完整而连续的系统结构；③开放的景观体系。

2）城市绿地系统格局

在景观生态学中，格局主要指空间格局，它是生态系统或系统属性空间变异程度的具体表现，是景观组成单元的类型、数目，以及空间分布与配置，是各种生态过程共同作用的结果。它决定着资源地理环境的分布、形成和组分，制约着各种生态过程，它强调的是空间结构特征（邬建国，2001）。城市绿地系统格局是城市内部各要素（山体、水体、植被、文化等）所构成的城市绿地，通过稳定的联系方式、组织秩序，形成空间上的布局结构（汪琴，2009）。笔者认为城市绿地系统格局是城市绿地系统的各组成单元的类型、数目，以及空间的分布与配置，而本书中的城市绿地系统格局更侧重对绿地组分的空间分布研究。

3）城市内涝

在"城市内涝"这一名词的翻译上，国内学者和国外学者存在一定的差异。我国学者大多将"城市内涝"翻译为"waterlogging"，waterlogging 确实有涝的含义，但它主要强调的是水分对植物和土壤的浸泡。国外学者在描述城市内涝时多使用"local floods"，它被世界气象组织定义为四种城市洪涝灾害中的一种，是指当城市中产生的地表径流超过了当地排水能力，或由于土壤水分饱和，以及径流无法下渗而形成的洪水。城市内涝的主要特点是水源来源于城市无法排除的地表径流；它们所淹没的范围较小，并且持续的时间不长。在城市的快速发展中，一些基础设施的建设没有考虑自然排水系统的区域，这就容易导致这一类型的洪水的发生。它与地形、土地利用、城市基础设施的建设密切相关（WMO，GWP，2008）。

4）雨洪管理

美国环境保护署（Environmental Protection Agency, EPA）将雨洪（stormwater）定义为：降水所产生的径流、积雪融化后产生的径流，以及通过各种措施排除的雨水（EPA，2011）。根据 EPA 的定义，雨洪产生的源头为降水和融雪事件。所有类型和强度的降水，都属于 EPA 定义范畴内的雨洪。此外定义着重强调了"径流"。根据定义可以发现，雨洪过程就是因降水形成地表径流的过程，以及所产生的地表径流排入地表水道或排水管网，并最终流入受纳水体的过程。

雨洪管理就是采用蓄滞、截留等多种方式对由降水产生的地表径流进入受纳水体的量和承载的污染物进行控制。它的主要目标是缓解气候变化下的暴雨径流问题和城市化对自然水过程的影响（Grimm et al.，2008；Jennings，Jarnagin，2002；Makepeace et al.，1995）。

雨洪管理的主要环节包括地表径流的产生、流动和下渗三个方面。随着理论和实践的不断完善，雨洪管理整合了流域规划、土地利用规划，以及景观规划的多维度理论技术体系，旨在提升景观系统的游憩、生态、审美、教育价值。雨洪管理是一种弹性的规划和管理措施，也是"海绵城市"建设的重要措施，因为它既可以解决在水量过多时如何削减径流量、洪峰流量等问题，又可以通过蓄滞和下渗的方式解决水量不足时如何获取水源的问题；除了作为维持正常水文过程的一部分，一个规划和设计合理的雨洪系统还可以为人们提供舒适的环境。

现代意义上的雨洪管理不仅涉及水资源的保护、管理与利用，还与基础设施建设、城市生态环境保护、景观规划、城市规划有着密切联系，并因此产生了很多相关领域，例如，雨水的收集与利用、地表径流的蓄滞和调控、雨水下渗技术、雨水中污染物的治理等（车伍，李俊奇，2006）。

2.1.2　理论基础

本书主要依托水文学及景观生态学的相关理论，基于赵晶（2012a）的相关研究，本书主要的支撑理论包括水文学中的水量平衡原理、产汇流理论、景观格局与过程理论，以及景观安全格局理论。

1）水量平衡原理

水循环包括三个尺度的水循环：全球水文循环，流域或区域水文循环，以及由水、土壤、植物所组成的系统中的水循环。不同尺度的水循环过程，都遵循水量平衡原理。水量平衡实际上是能量守恒定律的体现，它指的是地球上任何一个区域在特定的时间内，输入水量与输出水量之差等于该区域蓄水的变化量（李光敦，2008），表达式为：

$$I - O = \Delta W \tag{2.1}$$

式中：I——特定时段内输入系统的水量；

O——特定时段内系统输出的水量；

ΔW——特定时段内系统蓄水的变化量。

水量平衡原理是研究水文过程的基础理论。对于一个具体的研究区域，水量平衡方程可以细化为：

$$P + R_s + R_g = E_e + R_s' + R_g' + q + \Delta S \tag{2.2}$$

式中：P——特定时段内区域的降水量；

E_e——特定时段内区域的蒸发量；

R_s、R_s'——特定时段内从地表流入和流出区域的水量；

R_g、R_g'——特定时段内从地下流入和流出区域的水量；

q——特定时段内区域的用水量；

ΔS——区域蓄水的变化量。

等式的两侧分别是区域输入水量，输出水量和变化量。城市中的水量平衡可以概化为（朱元甡和金光炎，1991）：

$$R = R_0 + R_{in} - R_{out} + \Delta P \cdot C \pm \Delta E - L \tag{2.3}$$

式中：R——城市地区的径流量；

R_{in}——从城市外部引入的水量或从与给定河流不存在水力联系的含水层中开采地下水的水量；

R_{out}——输送到流域以外的水量；

ΔP——城市地区的降雨变化量；

C——径流系数；

ΔE——蒸发量的变化量；

L——供水排水系统的损失水量。

2）产汇流理论

（1）产流

产流过程是指降水扣除植物截留、填洼、下渗与蒸发后形成径流的过程（芮孝芳，2004）。根据径流形成的机制发现，径流的产生都发生在两种不同透水性质的界面上，并且上层介质的透水性要优于下层（芮孝芳，2004）。

径流的形成机制可以分为四种：超渗地面产流、饱和地面产流、地下水径流的产生，以及壤中水径流的产生。在城市建成区，不透水面比例大，地下水和壤中水的产流量很小。在城市内涝这一水文事件中，重点关注地面径流。地面径流的形成机制主要包括两种：一种是霍顿的超渗地面产流，另一种是饱和地面产流。

超渗地面产流是由于降水量超出植物截留量、填洼量、下渗量，以及蒸发量的总和，超出部分的水量产生的地面径流；一般而言，植物截留、降雨时的蒸发量、填洼量都较小，而下渗量通常较大，因此当降雨强度大于下渗容量时，就认为可以产生地面径流（Horton，1935）。超渗地面产流的径流量可以用下式来表示：

$$R_s = \int_{i>f} (i-f)\, \mathrm{d}t \tag{2.4}$$

式中：R_s——超渗地面产流的径流量；

i——降雨强度；

f——下渗容量。

饱和地面产流的机制是降水量虽然没有超过下渗容量，但由于包气带的饱和而产生径流的情况（Dunne，Black，1970）。包气带的下层存在相对不透水层，而上层土壤的透水性较好，这样就在上下两层的界面上产生壤中流，形成饱和带，这个饱和带随着降水增多不断向地表推进，当到达地表时就形成了地面径流，所以饱和地面产流需要满足两个条件：首先，介质中要存在不透水层，并且上层的透水性强，而下层的透水性差；其次，上层土壤的含水量要达到饱和（芮孝芳，2004）。饱和地面产流的径流量可以表示为：

$$R_s = \int_{i>(r+f)} [i-(r+f)]\, \mathrm{d}t \tag{2.5}$$

式中：R_s——饱和地面产流的径流量；

  i——降雨强度；

  r——壤中水径流的强度；

  f——界面上的下渗容量。

某一区域的径流产生，可能是以一种产流机制为主导的，也可能是几种产流机制共同作用的。流域的产流机制与下垫面有着密切关系。超渗地面产流、饱和地面产流、壤中水径流和地下水径流这四种产流机制可以组合成不同类型的产流模式。但这些模式最终都可以归结为两种最基本的产流模式：超渗产流和蓄满产流。

由于城市区域存在大量不透水或渗透能力很差的地表，因此多以超渗产流的机制产生径流，并且与自然条件下产流最大的不同体现在水量上。城市中的气象条件更易形成短时暴雨，这通常就使得降雨强度很大，而下渗容量很小，如此在很短的时间内就可以形成很大的径流量。

（2）汇流

降落到地面的雨水，扣除损失后，向流域出口断面汇集的过程称为流域汇流（芮孝芳，2004）。

汇流包括河网汇流和坡地汇流。前者是指一些雨水直接降落到河道，随着河流的流动向出口断面汇集。在这种汇流方式中，只存在地表水流，不存在地下水流。坡地汇流是指降落到坡地上的净雨通过坡面和地下汇集到出口断面的汇流方式。坡地汇流包含地面水流和地下水流。

汇流时间是描述汇流过程非常重要的参数，它是指降落在流域上的雨水水滴汇集到流域出口断面的时间。汇流时间与流域面积、路径的粗糙程度、坡度、人类活动有关。由于每一点到达流域出口的时间都有所不同，所以通常采用最大汇流时间、平均汇流时间和滞时来表示流域的汇流时间。

最大汇流时间是指离流域出口最远处的水滴到达出口断面的时间，可以表示为：

$$t = \frac{L_{\max}}{\bar{v}} \tag{2.6}$$

式中：$L_{\max}$——离流域出口最远处的水滴到达流域出口断面的距离；

  $\bar{v}$——最远处水滴的平均速度。

平均汇流时间是指流域上每一个水滴到达流域出口断面的平均时间，表达式为：

$$\bar{t} = \frac{1}{A} \int_A t \, df \tag{2.7}$$

式中：A——流域面积；

t——任意一个水滴到达出口断面的时间。

但是几乎不可能计算出每一个水滴的汇流时间，经过理论和实践研究发现，流域滞时可以替代平均汇流时间，平均汇流时间也可以用下式表示：

$$\bar{t} = \frac{L_0}{\bar{v}} \tag{2.8}$$

式中：L_0——流域形心到出口断面的直线距离；

$\bar{v}$——水滴的平均速度。

在汇流理论中，流域中净雨的输入与出口断面流量之间的关系是重要的研究课题。

在城市区域，地表特征及排水管道的大量分布，城市中的汇流特征有别于自然区域，管道传输成为汇流的一个重要部分。在自然过程中，无论是地表还是地下汇流，过程都较为缓慢，而城市的地表汇流及管道汇流极大地提高了径流的汇聚速度，缩短了径流的汇流时间。在河网汇流阶段，城市中的河道形态、河床河岸性质都发生了改变，加快了汇流过程。

3）景观格局与过程理论

景观生态学中的格局主要指空间格局，广义上讲，它包括景观组成单元的类型、数目，以及空间分布和配置，具体通过斑块、基质、廊道来表现；过程与格局不同，它更强调事件或现象发生、发展的动态特征，反映了生态系统的功能（Forman，Godron，1986；Forman，1995）。

简单地说，格局是过程作用的结果，过程同时又受到格局的制约（肖笃宁，2002）。景观格局是一种外在表象，景观过程是内在机制。景观格局和过程的密切关系表现在以下几个方面：景观格局的分布状况将会影响景观过程在景观系统中的分布状态；物质和能量在景观中的运动受景观结构的影响；景观过程塑造了景观结构，景观过程的改变会影响景观结构，反之亦然（傅伯杰等，2001）。

由于景观格局与过程之间的密切联系，所以通常景观生态学的研究会着重对二者的关系进行研究。因为景观格局较过程来讲容易被定量描述，所以在研究中经常通过对格局的判断来推绎其背后的过程。以景观结构与功能的原理为基础，通过对结构进行调整可以达到实现景观功能的目的。

4）景观安全格局理论

景观安全格局是对空间中生态基础设施的识别和划分，基于景观生态学的理论和方法，从景观格局和过程的关系出发，在对景观过程分析和模拟的基础上，识别对维护这些过程的健康与安全具有关键性意义的景观格局（Yu，1995；Yu，1996；俞孔坚等，2005a）。

在对景观安全格局的分析中包括两个重要步骤，即对水平过程和垂直过程的分析。水平过程是生物或者某一目标过程在空间中克服阻力运动的过程。不同的空间对其运动具有不同的阻力，它趋向于沿着低阻力的通道运动。垂直过程是对不同影响因子的综合分析，得到的结果是多种要素对某一过程的共同作用。对垂直与水平过程进行分析之后，就可以识别出景观中维护特定过程的关键位置：战略点和空间联系，从而构建景观安全格局。景观安全格局中所构成的区域就是景观系统中现存和潜在生态基础设施的位置。

景观安全格局理论及其分析方法也常被应用到水问题的分析中。因为水过程与空间格局有着密切的联系。尤其是在城市化的过程中，水受城市建成环境的影响更大。运用景观安全格局的理论和方法，可以分析和识别对维护水过程安全性和完整性具有重要意义的关键位置和空间格局，通过控制或改变这些空间格局，就可以实现对水过程的控制，如水源保护过程、洪涝灾害过程、雨洪过程、非点源污染扩散过程等，这种以水为核心的景观安全格局可以称为雨洪安全格局。

2.2　城市绿地系统雨洪调蓄能力

2.2.1　城市绿地系统雨洪调蓄能力评估方法

雨洪调蓄能力评估是城市绿地系统雨洪调蓄功能研究的重要环节，国内外评估方法可以分为实验法和模型模拟法两大类。

1. 实验法

实验法是城市绿地系统雨洪调蓄能力评估最常用的方法，多用于中小尺度的研究。根据实验场地的位置，可以分为室外实验（吕淑华，2007）和室内实验（Lee et al.，2013）；根据实验场地的性质，可以分为自然场地（花伟军等，2007）和人工场地（Ostendorf et al.，2011）；根据降水情况，可以分为自然降水（田仲等，2008）和人工降水（刘兰岚，2007）。由于自然降水具有更大的不确定性，所以较少采用。径流量、产流时间、径流峰值时间是实验法常用的监测指标，不同实验法比较见表2.1。

表2.1 城市绿地系统雨洪调蓄能力评估的不同实验法比较

研究者	实验内容	监测指标	场地性质	降水情况
吕淑华（2007）	在重庆大学选取了三块不同坡度的绿地，研究了不同坡度绿地的产流情况	径流量、产流时间、产流峰值时间、产流停止时间	室外，自然，每块绿地大小为2m×3m，坡度分别为0°~5°、5°~20°、20°~45°	人工降水
刘兰岚（2007）	通过对绿地和裸地这两种典型的透水下垫面在不同降雨强度下的降雨入渗模拟，定量地分析绿地对雨水径流的调蓄作用	持水量、持水量达到饱和的时间	室内，人工，大小为0.7m×0.5m×0.4m	人工降水
花伟军等（2007）；田仲等（2008）	在北京市丰台区绿源公园和丰台区园林局菜户营绿化基地进行了降雨-径流观测试验，研究了不同坡度绿地临界产流降雨量	径流量	室外，自然，坡度分别为平坡、0.05、0.1和0.2，单元面积分别为2.25m²和12.5m²	自然降水
武晟等（2007）	在西安理工大学露天实验场，研究了不同覆盖率、降雨强度、降雨历时对径流系数的影响	产流量	室外，自然，面积为10m²，坡度0.5°的绿化带不同覆盖率	人工降水
程江等（2008）	对上海杨浦区不同绿地率的国顺汇水域和长白、双阳两个汇水域的降雨-径流进行观测实验	排水量	室外，自然，面积分别为2.60 km²和2.77 km²	自然降水
Ostendorf等（2011）	在南伊利诺伊大学爱德华兹维尔分校校园研究不同植物环形绿墙的雨洪调蓄作用	径流量、径流峰值时间	室外，人工，18个种植不同植物的环形绿墙，绿墙直径为2.13m	自然降水
Lee等（2013）	在实验室研究了绿色屋顶对雨水径流的削减效果	径流量	室内，人工，大小为0.5m×0.5m×0.2m	人工降水

2. 模型模拟法

模型模拟法是城市绿地系统雨洪调蓄能力评估的另一种常用方法，适用于多种尺度的研究。常用的模型包括：水量平衡模型、径流系数法、SWMM（Storm Water Management Model）模型、Citygreen 模型等，其中，水量平衡模型和 SWMM 模型最为常用。不同模型比较见表 2.2。

表 2.2 城市绿地系统雨洪调蓄能力评估的不同模型比较

研究者	模型	研究内容	研究尺度	研究历时	优缺点
叶水根等（2001）；周丰等（2007）	水量平衡模型	以北京市为例，对设计的下凹式绿地径流削减情况进行了模拟	小尺度	短期（一场暴雨）	概念模型，易于理解，适用于结构简单的场地，但不考虑水动力过程
聂发辉等（2008a）	水量平衡模型	计算了下凹式绿地对雨水径流的截留效率	小尺度	长期（1 年）	同上
杨珏等（2011）	水量平衡模型	计算了下凹式绿地设计参数	小尺度	短期（一场暴雨）	同上
张彪等（2011）	径流系数法	计算了北京市绿地系统的雨洪调蓄能力	大尺度	长期（1 年）	经验模型，易于理解，计算简单，但只考虑竖向水文过程
陆小蕾等（2009）	SWMM 模型	以济南城区某小区为例，研究不同绿地形式对城市径流的影响	中尺度	短期（一场暴雨）	水动力模型，操作方便，实用性强，但参数率定较复杂
晋存田等（2010）	SWMM 模型	以北京工业大学西校区为例，对透水砖和下凹式绿地的雨洪调蓄效果进行了模拟和评价	中尺度	短期（一场暴雨）	同上
Khokhani 和 Gundaliya（2013）	SWMM 模型	以印度拉杰果德市为例，对不同 LID 模型（全下渗、部分下渗）进行模拟，总结最佳管理实践经验	大尺度	短期（一场暴雨）	同上
Sansalone 等（2013）	SWMM 模型	以美国佛罗里达州盖恩斯维尔为例，模拟了城市改造前后地表径流和污染情况	中尺度	长期（1～10 年）	同上
Peng 等（2008）	Citygreen 模型	评估了南京市主城区绿地削减径流的生态效益	大尺度	长期（1 年）	实用性强，但对遥感影像要求较高

实验法和模型模拟法都是城市绿地雨洪调蓄能力评估的常用方法，比较而言，实验法受限因子较多，如场地、降水条件等，多用于中、小尺度研究，而模型模拟法更具灵活性，能适用于多种尺度的研究，但参数设置较为复杂。随着计算机技术的发展，采用模型模拟法成为城市绿地系统雨洪调蓄能力评估研究的一种趋势，而实验法得到的数据常用于模型的率定，二者结合能得到更准确的评估结果。

2.2.2 影响城市绿地系统雨洪调蓄能力的格局因子

城市绿地系统雨洪调蓄能力的大小和功能的发挥受格局因子的制约，已有研究关注了绿地率、绿地空间布局、绿地形式、坡度等因子对其雨洪调蓄能力的影响，本书将从多尺度角度梳理不同格局因子对城市绿地系统雨洪调蓄能力的影响。

1. 大尺度

1）绿地率

绿地率对城市绿地系统雨洪调蓄能力有着重要影响，早在 20 世纪 80 年代，Bernatzky（1983）就比较了有、无植被覆盖的城市地区，他发现在有植被覆盖的城市地区，只有 5%～15% 的降水形成地表径流，其余降水都被植被拦截；而在没有植被覆盖的城市区域，大约 60% 降雨以地表径流的形式排到城市下水道。Kurfis 等（2001）的研究表明，1978—1999 年佛蒙特大学周边学生住区的绿地减少了 10%，利用 CN 值和径流模型模拟十年一遇 6 小时降水事件，径流总量和峰值都增大了约 10%。Gill 等（2007）以大曼彻斯特为例，运用流域水文模型模拟了城市绿地对径流的削减效果，研究表明：居民区绿地覆盖率增加 10%，可减少地表径流的 4.9%，再增加 10% 类似的绿地覆盖率，可减少地表径流的 5.7%。曼彻斯特大学的研究表明，增加 10% 的城市绿地可以削减 5% 的地表径流（Cabe，2011）。

国内学者叶水根、武晟、周丰、程江等也研究了绿地率对雨洪调蓄能力的影响，叶水根等（2001）以北京为例，对设计的下凹式绿地径流削减情况进行了模拟，在绿地率为 100% 的单独下凹式绿地条件下，对于十年、五十年和百年一遇的暴雨，绿地降雨拦蓄率都为 100%，削峰率也为 100%；在绿地率为 50%（1 倍汇水面积）的情况下，对于十年、五十年和百年一遇的暴雨，绿地降雨拦蓄率分别为 87.15%、58.48%、50.75%，削峰率分别为 71.04%、46.82%、41.52%。周丰等（2007）的研究也得到类似结论。程江等（2008）分析了上海中心区内绿地系统面积比例分别为39.13%和27.36%，关于边界条件相近的两个相邻城市汇水域的绿地系统雨洪调蓄能力，研究结果表明：10%绿地系统面积比例的差异导致年径流系数存在约0.3的差别；在24小时降雨量为42.8 mm的情况下，延后径流峰值出现时间约差20分钟；对24小时降雨量超过270 mm的特大暴雨径流过程，削减地表径流系数相差约0.1。

国内外的相关研究都表明，绿地率越高，绿地系统的雨洪调蓄能力越强，到达峰值的时间越长。当绿地率增加10%时，径流量减少5%～10%。

2）空间布局

目前，学者们更多地关注绿地格局对大气环境的影响，如温度、湿度、大气污染物等（Golany，1996；周志翔等，2004；冯娴慧，魏清泉，2006；刘艳红，郭晋平，2011），对绿地空间布局的雨洪调蓄作用的研究则比较少。Bautista等（2007）研究了干旱区的植被格局对径流削减及土壤侵蚀的影响，研究表明：植被斑块密度越低，地表产流量越高。赵晶（2012a）、殷学文等（2014）对绿地空间格局与雨洪调蓄关系进行了研究，结果表明，绿地面积一定时，绿地斑块密度越大、斑块间距离越小，其雨洪调蓄功能越好；在绿地景观格局中绿地空间连接度较低的区域，地表径流传输阻力小，内涝发生概率大。章戈（2013）以北京市永定河流域为例，借助GSSHA全分布式流域水文模型和CLUE-S土地利用变化模型，研究了流域水文对土地利用格局变化的响应，研究表明：林地斑块越分散、形状越复杂，草地斑块形状越规则，流域的峰值流量越小；林地斑块越分散、形状越复杂，农田斑块越分散，流域的径流总量越小。张洁（2013）在基于雨洪安全的城市绿地量化分析的基础上，提出了绿地系统集中和分散的两种布局形式。陈前虎等（2013）研究了城市住宅区绿地系统景观格局与径流水质的关系，结果显示：城市径流与绿地景观指数之间具有相关性，当绿地率小于33%时，随着绿地率的升高，径流水质明显提升；破碎度和平均邻近指数在一定区间内，绿地斑块对径流污染物的削减能力较强。此外，有学者研究表明，不透水面的连接度越高，径流量越大（Alley，Veenhuis，1983；Booth，Jackson，1997；Brabec，2002），这也间接证明了绿地系统连接度越低，削减径流的效果就越差。

2. 小尺度

1）坡度

对坡度进行研究，不同学者得出了不同的结论，有学者认为坡度并不影响绿地系统调蓄能力（Bengtsson et al., 2005; Mentens et al., 2006），也有学者持相反的观点（Vanwoert et al., 2005; Getter et al., 2007; Villarreal, 2007）。Villarreal（2007）借助实验研究发现，绿色屋顶的坡度并不影响径流过程线的形状，如峰值和雨水量，这表明坡度并不影响系统对不同降水事件的响应，然而，坡度影响了雨水径流的蓄滞：坡度越小，蓄滞量越大。对于不同的降雨强度，雨水蓄滞量由坡度决定，2%坡度(高度与水平距离的比值)的蓄滞量约为14%的两倍。Getter 等（2007）、Vanwoert 等（2005）也得到了类似结论。吕淑华（2007）采取实验方法，对三种坡度的绿地雨洪调蓄能力进行了研究，结果显示，三种不同坡度0°～5°、5°～20°、20°～45°的径流系数依次为0.08 ～ 0.20、0.09 ～ 0.26、0.12 ～ 0.42，产流时间分别为30 ～ 85 分钟、30 ～ 65 分钟、30 ～ 55 分钟，峰值滞后时间分别为60 ～ 105 分钟、55 ～ 85 分钟、45 ～ 60 分钟。虽然不同学者对坡度的影响持不同观点，但坡度对绿地的蓄滞能力影响是一致的。坡度越大，城市绿地系统雨洪蓄滞能力越弱，峰值滞后时间越短。

国内外学者对影响城市绿地系统雨洪调蓄能力的格局因子的研究取得了一些进展，但对不同因子影响强弱的排序研究还较少，且很少涉及如何将这些研究成果应用到海绵城市建设中。

2）绿地形式

绿地形式（凸式、平式、下凹式）对雨洪调蓄能力的影响受到很多学者关注，尤其是对下凹式绿地的雨洪调蓄能力研究已成为热点问题。丛翔宇等（2006）以北京某小区为例，采用 SWMM 模型进行模拟分析后发现，在十年一遇的暴雨洪水情景下，下凹式绿地比凸式绿地的下渗量高36%，径流量低53%，洪峰流量低35%。陆小蕾等（2009）借助 SWMM 模型比较了济南城区某小区在凸式绿地、下凹 5 cm 绿地和下凹 10 cm 绿地三种情景下绿地的雨洪调蓄效果。研究结果表明，与凸式绿地相比，下凹式绿地能更加充分地利用绿地的渗透作用，削弱洪峰与减小洪水总流量均在20%以上，降低径流系数达25%左右，有效降低了城市洪水的危害性，模拟得到的不同绿地形式的降雨径流系数见表 2.3。在降雨量大的条件下，绿地不下凹时，径流深度和径流系数都较大；35% 绿地率、深度为 100 mm 的低洼绿地，在 1 小时不同强度降雨条件下，可以将相同径流深度所对应的降雨强度提高 1 ～ 2 个标准级；在 1 小时相同强度降雨条件下，可以将径流系数降低 0.3 ～ 0.4，大大降低了汇流比例，削减了洪峰流量（蔡剑波等，2011）。通过研究，学者们普遍认为下凹 5 ～ 15 cm 的绿地系统能大大增加滞水量，有效缓解城市内涝问题。

表 2.3　不同绿地形式的降雨径流系数

重现期	降雨量 /mm	凸式	下凹 5 cm	下凹 10 cm
P=2.5	78.96	0.829	0.615	0.605
P=5	79.58	0.83	0.618	0.605
P=20	94.45	0.858	0.678	0.615
P=50	119.33	0.887	0.745	0.626
P=100	131.29	0.901	0.722	0.643

资料来源：陆小蕾等（2009）。

2.2.3　城市绿地系统在雨洪管理方面的应用

为解决气候变化和城市化引发的雨洪问题，可持续雨洪管理的理念和技术逐步形成。最具代表性的理念和措施包括：美国的最佳管理措施（Best Management Practices, BMPs）（车伍等，2009）和低影响开发（Low Impact Development, LID）（EPA, 2009），英国的可持续城市排水系统（Sustainable Urban Drainage System, SUDS），澳大利亚的水敏感城市设计（Water Sensitive Urban Design, WSUD）。这些理念和措施是在城市化背景下产生的，它们都试图寻找一种适合特定区域或场地的雨洪管理途径（赵晶，李迪华，2011；赵晶，2012b）。

21 世纪初，我国开始逐渐关注对雨洪资源的利用，意识到雨洪不再是废物，而是一种可以被回收利用的资源，并在这方面做出了一些努力和研究，将雨洪利用与景观规划设计结合，取得了一些研究成果（宋云，俞孔坚，2007；车伍等，2009）。

1. 大尺度

在大尺度上，城市绿地系统在雨洪管理中的应用也取得了一些进展。张彪等（2011）认为应当充分认识、积极发挥城市绿地调蓄雨水径流的作用，利用 2009 年北京城市园林绿地的调查数据，运用径流系数法和影子价格法评价了北京市绿地调蓄雨水径流的功能和价值，研究表明：2009 年北京城市绿地生态系统调蓄雨水径流达 1.54 亿立方米，单位面积绿地调蓄雨水径流达 2494 m^3/ha；绿地年调蓄雨水径流价值 13.44 亿元，约合 2.18 万元/ha。徐兴根（2013）在宏观尺度上，从区域规划和流域规划的角度探讨了城市园林绿地的雨洪控制利用。近年来，城市"绿色海绵"系统越来越受到关注，莫琳和俞孔坚（2012）提出以水系和绿地为主体，构建城市"绿色海绵"系统，转变传统的依赖大规模工程设施和管网设施的理念，探索雨洪资源化的新型景观途径，并对北京亦庄经济技术开发区南拓片区进行了规划，设计了三级生态雨洪调蓄系统，通过对降雨径流采取源头控制和就地入渗措施，实现城市防洪防涝、水源涵养和水景观营造等多重效益。王云才等（2013）以卧龙湖生态保护区为例，在区域生态格局研究的基础上，规划了功能复合的区域廊道网络雨水收集系统、城乡绿色海绵空间综合系统与水质净化系统，构建了卧龙湖生态保护区"绿色海绵"基础设施网络。

2. 小尺度

对雨洪管理体系 BMPs、LID、SUDS 和 WSUD 中的雨洪调蓄措施进行梳理后发现，绿地系统在小尺度雨洪管理中发挥着重要的作用，常见的绿地系统在小尺度雨洪管理中的应用见表 2.4。

表 2.4　绿地系统在小尺度雨洪管理中的应用

雨洪管理体系	城市绿地系统的应用
最佳管理措施（BMPs）	植物过滤带、生物滞留池、浅草坑、人工湿地等
低影响开发（LID）	雨水花园/生物滞留池、绿色屋顶、植草沟和下沉式绿地、缓冲带、景观水体及多功能调蓄池等
可持续城市排水系统（SUDS）	植被过滤槽和洼沟、雨水花园
水敏感城市设计（WSUD）	滞蓄绿地、雨水滞留池、生物过滤系统、拦沙坑、缓冲带、人工湿地、池塘、湖泊、湿地、沼泽、城市林地等

资料来源：各雨洪管理手册。

从表 2.4 可以看出，雨水花园/生物滞留池、绿色屋顶、人工湿地是小尺度雨洪管理的常用措施。

1）雨水花园 / 生物滞留池

雨水花园利用植物截留和土壤的渗透作用来实现初期雨水径流的净化、雨水径流量的削减，以及地面雨水的收集。它主要借助土壤和植物的过滤作用净化雨水，同时将雨水蓄滞，使其慢慢下渗来减少径流量，是城市雨洪最佳管理措施中的一项重要技术（车伍等，2006）。雨水花园的结构基本可以分成蓄水层、覆盖层、植被及种植土层、人工填料层和砾石层。雨水花园的各组成部分对雨水的控制作用不同，例如蓄水层主要用于滞留和过滤雨水，覆盖层主要为了提高土壤渗透性并净化雨水，植被及种植土层能够过滤和净化雨水，人工填料层具有渗水作用，砾石层主要用来排除多余的雨水。

雨水花园对地表径流有很好的调蓄作用。Kurtz（2009）、Davis 等（2009）、Roy-Poirier 等（2010）、Debusk 等（2011）学者研究了雨水花园 / 生物滞留池对雨洪的调蓄效果，他们的研究成果见表 2.5。

表 2.5　雨水花园 / 生物滞留池雨洪调蓄效果研究成果

研究者	雨水花园 / 生物滞留池雨洪调蓄效果
Kurtz（2009）	蓄滞了 88% 的降雨径流，在没有地下排水管的情况下，使所有降雨的径流峰值小于设计标准，对于强降雨平均约削减了 90%，峰值削减 70% ～ 90%
Prince George's County（1993）	平均减少了 75% ～ 80% 的地面雨水径流量
Debusk 等（2011）	削减径流 48% ～ 74%
Zhang 等（2011）	削减径流 97%
Davis（2009）	研究了两个雨水花园，对于 18% 降水概率的暴雨，蓄滞了 100% 雨水径流，削减峰值分别为 49% 和 58%
Dietz 和 Clausen（2005）	全年入流量的 0.8% 发生溢流

从表 2.5 可以看出，雨水花园 / 生物滞留池对场地雨水有很好的调蓄效果，综合学者们的研究，雨水花园 / 生物滞留池的径流削减量约在 80% 以上。

2）绿色屋顶

绿色屋顶又被称为生态屋顶或屋顶花园，它同时具备过滤、吸收、滞留雨水的多种功能。在进入排水系统之前，雨水通过一系列的物理、化学、生物过程被净化和吸收。绿色屋顶包括广布式和集中式两种。Berndtsson（2010）对欧美绿色屋顶雨水滞留效果（表 2.6）的研究成果进行了整理，绿色屋顶雨水滞留量在 60% 左右，滞留效果见表 2.6。Carter 和 Rasmussen（2006）、Simmons 等（2008）认为绿色屋顶雨水滞留效果与雨量和降雨强度有关。对于绿色屋顶洪峰延时效果，不同学者研究结论差别较大（见表 2.7）。

表 2.6　欧美绿色屋顶雨水滞留效果

研究者	绿色屋顶平均雨水滞留量 /（%）	不同降水概率下，绿色屋顶雨水滞留量 /（%）	研究周期
Bengtsson 等（2010）	46	—	17 个月
Vanwoert 等（2005）	60.6	—	15 个月
Denardo 等（2005）	45	19 ~ 98	2 个月
Moran 等（2005）	63（绿色屋顶 1）	—	18 个月
	55（绿色屋顶 2）	—	15 个月
Carter 等（2006）	78	39 ~ 100	13 个月
Monterusso 等（2002）	49	—	4 次降水事件
Bliss 等（2009）	—	5 ~ 70	6 个月

表 2.7　绿色屋顶洪峰延时效果

研究者	绿色屋顶洪峰延时效果
Carter 等（2006）	与传统屋顶相比，绿色屋顶洪峰延时达 10 分钟
Simmons 等（2008）	通常情况下，洪峰延时 10 分钟
Vanwoert 等（2005）	大雨时，洪峰延时 10 分钟
Getter 等（2007）	洪峰延时不明显
Villarreal（2007）	洪峰延时 1 分钟
Denardo 等（2005）	产流时间延时 5.7 小时，洪峰延时 2 小时
Moran 等（2005）	洪峰最少延时 30 分钟

3）人工湿地

人工湿地指的是与沼泽地类似，但由人工建造和控制运行的地面，人工湿地具有雨洪调蓄、水质净化的功能。其作用机制主要包括吸附、滞留、过滤、沉淀、氧化还原、微生物分解转化、残留物积累、植物遮蔽、水分蒸腾、养分吸收和各类动物的作用。李雅（2013）以哈尔滨群力湿地公园为例，评估了其雨洪调蓄能力，结果表明，群力湿地可以收集周边地区 123 ha 范围内的雨水。黄超等（2013）基于SWMM 模型评价了天津桥园的雨洪调蓄能力，研究表明，公园能削减五十年一遇暴雨产生的径流。相比人工湿地的调蓄功能，学者们更关注人工湿地的净化功能，Scholes 等（1998）对一年的监测数据分析发现，在大多数情况下，湿地对集水区排放污水中的微量金属离子的削减率是非常高的，尤其是暴雨期，处理率都超过了 90%。张饮江等（2010）、董悦等（2013）对上海后滩湿地公园净水效果的研究表明，湿地系统对氮（N）、磷（P）、化学需氧量（COD）、生物需氧量（BOD），以及重金属污染物有较强的去除能力，净化后，劣 V 类的黄埔江水达到了 II 类到 III 类水质指标。

2.3　流域水文模型

随着全球水问题的日益严峻，流域水文模型的研究越来越受到学者们的青睐。近年来，国内外一些学者对流域水文模型研究进展进行了梳理和总结（Wheater et al.，1993；Singh，Woolhiser，2002；陈仁升等，2003；Wagener et al.，2004；石教智，陈晓宏，2006；Praskievicz，Chang，2009；徐宗学，2010）。对流域水文模型的研究可以追溯到 1851 年 Mulvaney 提出的推理公式、1932 年 Sherman 的单位线、1933 年 Horton 的入渗方程等（Clarke，1973；徐宗学，2010）。1966 年，美国斯坦福大学学者 Crawford 和 Linsley 合作研制的斯坦福流域水文模型（SWM）问世，该模型被学术界视为国际上第一个真正意义上的流域水文模型（Singh et al.，2002；芮孝芳等，2006）。1973 年，赵人俊教授等建立的新安江模型诞生（赵人俊，1984）。此后，随着计算机技术的快速发展，新的流域水文模型不断涌现。Wheater 等（1993）、Pechlivanidis 等（2011）、石教智等（2006）、董艳萍和袁晶瑄（2008）等学者从不同角度对流域水文模型的分类进行了研究。随着计算机技术与 GIS 和 RS 技术的高速发展，流域水文模型被广泛应用于水资源开发、规划与管理，洪水预报与防洪减灾，水环境保护与水生态修复，景观规划与设计，气候变化、人类活动对水安全的影响等方面。

2.3.1 发展历程

流域水文模型的发展历程（表2.8）大致可以分为三个阶段：19世纪50年代至20世纪50年代的萌芽阶段、20世纪50年代至80年代的概念性流域水文模型阶段和20世纪80年代以后的分布式流域水文模型阶段。

表2.8 流域水文模型的发展历程

阶段	时期	代表模型	特点
萌芽阶段（19世纪50年代至20世纪50年代）	19世纪中期	Mulvaney提出的推理公式	假设降雨强度和流域特性在时空分布上是均匀的，因此，一般仅适用于小的流域
	20世纪20年代	结合等流时线概念修正的推理公式	适用于较大尺度流域
	20世纪30年代	Sherman单位线概念	不仅能计算洪峰流量，还能根据降雨过程计算出流量过程线
概念性流域水文模型阶段（20世纪50年代至80年代）	20世纪50年代	串联线性水库、非线性水库、线性河道模型等	解决了离散形式的单位线推导问题
	20世纪60年代	斯坦福流域水文模型、acramento模型、HBV模型、Tank模型等	把整个水循环用一组相互联系的变量或子系统来表示
	20世纪70年代	实时水文预报模型、TOPMODEL模型	不仅能模拟水文过程，而且可以提供连接水文过程与水文化学过程的有用信息
分布式流域水文模型阶段（20世纪80年代以后）	20世纪80年代	SHE模型	①反映土地利用变化的影响；②反映输入输出之间空间变化的影响；③模拟污染物迁移和土壤侵蚀过程；④用于缺资料地区的水文预测
	20世纪90年代	IHDM模型、SWAT模型	模拟大尺度水文过程
	21世纪	MIKE-SHE模型、SWMM模型等	①精细化；②更大的尺度；③更强大的功能；④与3S技术结合紧密

1. 萌芽阶段

继Mulvaney在19世纪中期提出推理公式后，流域水文模型概念主要出现在工程水文学兴起的20世纪30年代。20世纪50年代以前，流域水文模型主要针对流域的某一个水文环节（如产流、汇流、下渗、蒸发等）而设计，这一时期可以被归为流域水文模型的萌芽时期（徐宗学，2010）。

19世纪，流域水文模型主要服务于三种水文工程实践，即城市排水管网设计、新开发地区排水系统设计和水库溢洪道设计，其核心问题是设计洪峰流量的计算。爱尔兰学者Mulvaney结合工程实践，最早提出了依据设计降雨强度推求洪峰流量的推理公式，该公式假设降雨强度和流域特性在时空分布式上是均匀的，因此，一般仅适用于小的流域（Beven，2011）。

20世纪20年代，为了研究大尺度流域的水文过程，解决降雨强度和流域特性在时空分布式上的不均匀性问题，学者们对推理公式进行了改进，例如借助等高线与曼宁公式估算汇流时间，结合等流时线概念修正推理公式，该方案也可以被认为是第一代基于传递函数的降雨径流模型（徐宗学，2010）。

20世纪30年代，美国学者Sherman在叠加原理的基础上提出了单位线概念，单位线概念大大推进了流域水文模型的研究，它不仅能计算峰值流量，还能根据降雨过程计算出流量过程线。之后，学者们围绕单位线理论开展了很多研究工作，并提出了相应的计算方法（Dooge，1973）。

2. 概念性流域水文模型阶段

20世纪50年代以后，随着系统理论的发展及计算机技术的引入，学者们不再只关注流域的某一水文环节，而是将水文循环的整个过程作为一个完整的系统来研究。20世纪60年代到80年代是概念性流域水文模型高速发展时期。在这一时期，国内外学者提出了一些代表性的概念性流域水文模型，如斯坦福流域水文模型、API模型、新安江模型、SCS模型、HEC-1模型、Tank模型等（金鑫等，2006）。

20世纪50年代是概念性流域水文模型的孕育期。在当时，离散形式的单位线推导仍有很大难度，为了解决这一问题，Nash提出了单一水库和串联水库的概念，这种简化的偏微分方程可以表示成多个流域特征参数的函数。在这一时期，学者们构建了串联线性水库、非线性水库、线性河道模型等较早期的概念性流域水文模型（Prasad，1967；Beven，2011）。

20世纪60年代产生了一些著名的概念性流域水文模型，直到今天，其中一些仍被广泛应用于水文预报、水资源规划管理中。这一时期，学者们开始探索用不同的方法模拟降雨径流过程，把整个水循环用一组相互联系的变量或子系统来表示，其中每一个子系统都代表某一特定的水循环子系统。基于这一概念，产生了一批有代表性的流域水文模型：斯坦福流域水文模型（Crawford, Linsley, 1966）、Sacramento 模型（Burnash et al., 1973）、HBV 模型（Bergstrom, 1976）、Tank 模型（Sugawara, 1974; Sugawara, 1995）等。

20 世纪 70 年代，水文学者 Kalman 通过结合滤波技术与时间序列方法，开发了一些切实可行的实时水文预报模型；与此同时，Beven 和 Kirkby 开发了半分布式流域水文模型 TOPMODEL，它不仅能够模拟水文过程，而且可以提供连接水文过程与水文化学过程的有用信息，具有传统的概念性模型无法比拟的优越性（Beven, Kirkby, 1979），至此，分布式流域水文模型的研究拉开帷幕。

3. 分布式流域水文模型阶段

1969 年，Freeze 和 Harlan 首先提出了分布式流域水文模型的概念（Freeze, Harlan, 1969）。受资料和计算机技术的限制，分布式流域水文模型在 20 世纪 80 年代前发展较为缓慢。20 世纪 80 年代以后，分布式流域水文模型进入蓬勃发展期，代表模型有 SHE 模型、IHDM 模型、TOPKAPI 模型、SWAT 模型、VIC 模型等（吴险峰，刘昌明，2002）。

20 世纪 80 年代，随着计算机技术和水文科学技术的发展，基于物理机制的分布式流域水文模型受到关注，特别是由丹麦、英国和法国水文学家联合开发的 SHE 模型，掀起了分布式流域水文模型开发和研究的热潮。与传统概念性模型相比，分布式流域水文模型可以：①反映土地利用变化的影响；②反映输入输出之间空间变化的影响；③模拟污染物迁移和土壤侵蚀过程；④用于缺资料地区的水文预测（徐宗学，2010）。

20 世纪 90 年代以后，在 IHDM 模型、SWAT 模型提出之后，随着大尺度水文科学的发展，大尺度分布式流域水文模型的研究和应用受到青睐。人们越来越关注较大范围内的水资源时空变化，关心气候变化和土地利用变化对水循环、水资源、水环境的影响。而传统的分布式流域水文模型难以模拟大尺度甚至全球尺度的水文过程，基于 GIS 技术开发的大尺度分布式流域水文模型 VIC 模型，以及 Macro-PDM 等模型应运而生（王中根等，2003；张金存，芮孝芳，2007）。

21 世纪以后，在国际水文十年研究计划提出后，分布式流域水文模型朝着四个方向发展：①精细化，在时空精度上表现出越来越精细的趋势；②更大的尺度，从大流域到大陆尺度，再到全球尺度，模拟的空间尺度越来越大；③更强大的功能，从最初单纯模拟降雨径流过程，到模拟土壤侵蚀、污染物迁移等复杂过程；④与 3S 技术结合紧密，随着 3S 技术的发展，水文资料的获取和模型运行更加方便快捷，尤其是对缺资料地区的研究。

与国际水文学界相比，国内对流域水文模型的开发和研究起步晚，截止到 20 世纪 80 年代中期，只有少数几个模型（如新安江模型等）能够模拟降雨径流过程（芮孝芳，黄国如，2004）。近几十年来，我国水文工作者奋起直追，开展了大量的流域水文模型研究工作，一方面引进国外先进模型，并对模型进行修正改良，另一方面积极开发研制新的流域水文模型，缩小与国际水平的差距。

2.3.2　分类

国内外学者从不同视角对流域水文模型进行了分类研究（Singh，1995；Singh，Frevert，2005；石教智等，2006；董艳萍等，2008）。本书采取 Wheater 等（1993）的分类方法，基于模型结构、空间分布、随机性、时间尺度和空间尺度对流域水文模型进行分类阐述。

1. 基于模型结构的分类

1）度量模型

度量模型也称为系统响应、经验模型，这类模型把研究对象看作一种动力系统，基于已有的降雨径流数据建立某种数学模型，然后由此用新的输入推求输出（Wheater et al.，1993）。因此，度量模型主要依赖于经验。Sherman（1932）提出的单位线概念是较早的度量模型，由于模型简单、易操作，被应用于无资料流域的区域分析和基于流域气候物理特征的水文模拟。值得注意的是，度量模型取决于已有数据的范围，虽然模型已经外推到极端事件或无资料流域，但结果的置信度通常缺乏正式的规范。

代表性的度量模型有基于数据机制的 DBM 模型（Data Based Mechanistic Modelling）（Young，Beven，1994；Young，Garnier，2006；Young，2011）和人工神经网络（Artificial Neural Networks，ANN）模型（Lange，1999；Dawson et al.，2006）。DBM 模型借鉴了时间序列的分析和模拟方法，它是一种经验模型，由此该模型的结构被开发为基于可用输入-输出数据的经验传递函数模型（Young，

2006），因此，模型参数只能根据输入-输出数据进行估计。ANN 模型利用降水和径流数据了解降水径流过程行为，ANN 模型通常有三层结构：输入层、神经元隐层和输出层。ANN 模型通过调整网络的连接权重，学习输入输出变量的联系（训练过程），使网络响应与径流响应相吻合（Lekkas，2008）。

2）概念模型

概念模型是在水文过程的物理概念和一些经验公式的基础上构造的，它对流域进行概化，再结合水文经验公式来近似地模拟流域水文过程（石教智等，2006）。概念模型一般有两个特点：模型的结构需要预先指定；不是所有的参数都具有直接的物理意义，因此，概念模型的一些参数需要通过率定而不是观测数据来估计（Wheater，2002）。代表性的概念模型有：斯坦福流域水文模型、API 模型、新安江模型、SCS 模型、HEC-1 模型、Tank 模型等（金鑫等，2006）。

3）物理模型

物理模型通常认为流域内各点的水力学特征是非均匀分布的，从而根据物理学质量、动量、能量守恒定律及产汇流理论构造水动力学方程组，模拟降雨径流在时空上的分布及变化（石教智等，2006）。与概念模型相比，物理模型不仅要考虑单元内部垂直方向上的水量平衡，还要考虑单元之间水平方向上的水量平衡。代表性的物理模型有：SHE 模型、DBSIN 模型等（董艳萍等，2008）。

4）混合模型

近年来，随着数据获取和管理能力的提高，流域水文模型更加综合，一些模型虽然被划归为上述三种流域水文模型之一，但实际上可能兼具上述两种或更多模型的模型特点（Pechlivanidis et al.，2011）。例如 TOPMODEL 和 TOPKAPI 模型，兼具概念模型和物理模型的特点，因此被称为具有物理基础的半分布式水文流域模型（石教智等，2006）。

2. 基于空间分布的分类

1）集总式模型

集总式模型把整个流域看作一个单元体，变量代表流域的平均值，并且假设流域内各点的水力学特性是均匀分布的，只考虑纵向的水量交换，不和周围水流过程产生任何联系（Beven，2011）。集总式模型一般用差分或经验代数方程表示，且不考虑过程、输入、边界条件、系统（流域）地理上的空间差异（Singh，1995）。

2）分布式模型

分布式模型把流域内各点的水利特性视为非均匀分布的，将流域划分为多个水文单元（子流域、集水区或栅格），变量表示水文单元的平均值，不仅考虑每个水文单元内的纵向水量交换，还考虑水文单元之间的横向水量交换。在某种程度上，分布式模型考虑了过程、输入、边界条件、系统（流域）地理上的空间差异（Singh et al.，2005）。

度量模型和概念性模型大多是集总式模型，而物理模型通常是分布式模型（董艳萍等，2008）。还有一类模型，兼具集总式和分布式模型的特点，被称为半分布式模型，上文提到的 TOPMODEL 就是其中的典型代表，本书构建的基于栅格的 SCS 模型也是一种半分布式模型。

3. 基于随机性的分类

1）确定性模型

模型根据状态和数据间的已知关系得到唯一确定性的结果则为确定性模型，确定性模型的一组输入变量只模拟生成一个结果，当模型参数不变时，给定变量模拟生成的结果是唯一确定的（Beven，2011）。

2）随机性模型

随机性模型用随机变量表示过程的不确定性，在相同的外部条件下，给定一组输入变量会产生不同的结果。随机性模型输出的结果通常服从某一概率分布，模型允许了由于输入变量或模型参数的不确定性而导致的模型输出的随机性或不确定性（Beven，2011）。

4. 基于时间尺度的分类

基于时间尺度，流域水文模型可以分为连续模型和次降雨模型。连续模型考虑一个时间序列的降雨过程，通常是多场降雨，而次降雨模型只考虑一场降雨。根据模型输入、计算或输出变量的时间间隔，可以进一步将连续模型划分为日、月、年模型（Singh，1995）。

5. 基于空间尺度的分类

Singh（1995）根据适用的流域面积大小，将流域水文模型划分为小尺度流域模型（<100 km²）、中尺度流域模型（100～1000 km²）和大尺度流域模型（>1000 km²）。然而，这样的划分显然比较武断，更合理的划分方法是基于流域水力特性的同质性，例如在某一尺度上，水文过程可以用平均化来考虑（Young et al.，2006）。

2.3.3　典型流域水文模型比较

流域水文模型为学者们提供了研究水问题的工具，但并非每种流域水文模型都适用于研究对象，本节选取了具有代表性的流域水文模型，阐述其特点和适用范围。

1.SCS 模型

SCS（Soil Conservation Service）模型又称 SCS-CN 模型，是由美国农业部水土保持局于 1954 年开发的（Soil Conservation Service，1972），是用来计算流域地表径流的模型，也是目前应用广泛的流域水文模型。SCS 模型结构简单、易于理解、所需参数少，可应用于无资料地区，模型能考虑土壤类型、土地利用、前期土壤含水量等主要的流域产流特征。SCS 模型最初是针对小流域水文过程设计的，对大、中尺度的流域水文过程模拟研究还较少。之后，国内外学者对 SCS 模型进行了改进，使模型适用于大、中尺度的流域水文过程研究，取得了较好的效果（Singh et al.，2008；罗鹏，宋星原，2011）。近年来，SCS 模型已经被应用在防洪防涝、水资源管理、水土保持、景观规划、城市水文及无资料流域等诸多方面，取得了较好的效果（史培军等，2001；Geetha et al.，2008；Ramakrishnan et al.，2009）。我国对 SCS 模型的研究起步较晚，大多是套用或修正 SCS 模型，也取得了初步成果（刘家福等，2010）。

SCS 模型的建立主要基于水量平衡方程、比例相等假设及初损值-最大潜在滞留量关系假设。SCS 模型通常可以用公式（2.9）表示：

$$\begin{cases} Q = \dfrac{(P-0.2S)^2}{(P-0.8S)} & P > 0.2S \\ Q = 0 & P \leqslant 0.2S \end{cases} \tag{2.9}$$

式中：Q——径流量，mm；

$\quad\quad P$——降雨量，mm；

$\quad\quad S$——可能最大滞留量，mm。

为计算 S，引入一个无量纲参数 CN（Curve Number），CN 值是一个经验性的综合反映降雨前流域下垫面特征的参数，S 的计算公式为：

$$S= \frac{25400}{CN} -254 \tag{2.10}$$

CN 值可以根据《美国国家工程手册》第 4 章列出的 CN 值查算表得出（Soil Conservation Service，1972）。

SCS 模型自开发以来，由于模型简单、易操作，受到了各国学者的青睐，被广泛应用于城市降雨径流模拟中。Harbor（1994）采用 SCS 模型评价了土地利用变化对地表径流、地下水回补、湿地的影响。Geetha 等（2008）基于 SCS 模型构建了一个集总式概念模型，对印度 5 个不同气候、地理条件的流域进行了长期水文模拟，结果显示，基于 SCS 构建的概念模型对流域长期连续降雨径流过程的模拟效果较好。Sahu 等（2010）综合考虑了研究区降水强度和前 5 日的降雨量，对 SCS 模型中的初损值进行了改进，并选择了美国 76 个小流域，比较改进模型和传统 SCS 模型的径流模拟效果，结果显示改进模型精度更高。Shadeed 和 Almasri（2010）将 GIS 技术与 SCS 模型耦合，对巴勒斯坦干旱半干旱地区西岸流域的径流量进行了模拟评估。我国学者也对 SCS 模型的应用进行了研究，史培军等（2001）借助 SCS 模型对深圳的一些流域进行了径流过程模拟，探讨了土地利用方式、土壤类型等下垫面因素对降雨径流过程的影响。周翠宁等（2008）以北京温榆河流域为例，采用 SCS 模型模拟了不同频率年降雨产生的径流量，结果显示，不同频率降雨的年径流量随着时间推移有增大的趋势。郑长统等（2011）在 GIS 和 RS 平台上，对模型参数进行了修改，建立了喀斯特流域 SCS 产流模型。

2.SWAT 模型

SWAT（Soil and Water Assessment Tool）模型由美国农业部农业研究中心（USDA-ARS）于 20 世纪 90 年代初研制开发，是用于预测与分析气候变化、土地利用方式改变对流域水量、水质过程所产生影响的分布式流域水文模型（Arnold et al.，1993）。模型以日为时间步长，具有较强的物理机制，可模拟连续长时段的流域水文过程、水土流失、化学过程、农业管理措施和生物量变化。SWAT模型以其强大的功能、先进的模型结构和高效的运算，在国内外得到了广泛的应用（孙瑞，张雪芹，2010）。

SWAT模型通常将研究流域按一定的流域面积阈值划分为若干个单元流域，以减小流域气候因素和流域下垫面时空差异对模拟精度的影响。根据不同土壤类型和植被覆盖，单元流域进一步被划分为若干水文响应单元，并借助概念模型来模拟每个水文响应单元的净雨量、产流量及泥沙、污染物的产生量，然后进行河道汇流演算，求得流域出口断面径流量、泥沙和污染负荷（刘家福等，2014）。

SWAT模型的特点可以概括为：①对大流域的计算效率高；②对大流域模拟需要的数据容易获得；③连续模拟，能够模拟长期管理变化的影响；④模型将流域划分为多个单元流域进行模拟，提高了水文模拟的精度（Arnold et al.，1998；庞靖鹏等，2007）。

SWAT模型已被应用到水文评价的多个方面，如径流模拟预测、土地利用措施管理评价、非点源污染管理等。Arnold领导的研究团队以美国不同流域、不同州县为研究对象，分别从国家、流域、小流域三个尺度验证了SWAT模型在降雨径流模拟方面的适用性（Arnold，Allen，1996；Arnold et al.，1999；Eckhardt，Arnold，2001）。Franczyk和Chang（2009）以美国波特兰都市区Rock河流域为例，运用SWAT模型模拟预测了不同城市开发模式下2030—2059年的月、季度和年平均径流深度，结果显示：与高密度城市开发情景相比，低密度城市扩张发展情景对年均径流深度影响更大。Santhi等（2006）采用SWAT模型在流域和农田尺度上评价了水质管理措施对流域的影响，研究结果表明利用模型技术有利于决策者定量评价管理措施的优劣。SWAT模型在我国也得到了广泛的应用，王学等（2013）以白马河流域为例，利用SWAT模型分析了不同土地利用情景下流域径流的响应，模拟计算了流域主要土地利用类型对径流深度的贡献系数。翟玥等（2012）采用SWAT模型，分别模拟评估了不同空间单元和不同农业生产活动对入湖总氮的污染贡献系数，定量分析了流域内各区域的农业面源污染源结构，并识别了洱海流域重点农业污染村镇和农业污染源。

3.SWMM 模型

SWMM 模型由美国环境保护署于 1971 年开发，是模拟城市降雨径流和污染物迁移过程的流域水文模型，具体包括：时变降雨、地表水蒸发、地下水补给、坡面汇流计算、低影响开发的评价等（Jang et al., 2007; Park et al., 2008）。模型主要由 5 个模块构成，它们分别是：径流模块、输送模块、输送扩展模块、调蓄处理模块和受纳水体模块（任伯帜等，2006）。

SWMM 模型通常将整个流域概化为若干个子流域，根据各子流域的下垫面的下渗率、洼蓄量等特点分别计算径流过程，通过地表汇流、地下汇流、管网汇流模拟计算，将各子流域的出流进行叠加组合，计算流域出水口的径流量（Rossman，2010）。

SWMM 模型具有以下特点：①通用性较强，对市区和非市区均能进行模拟；②数据要求较低，资料易收集，在具有地表信息和地下管网数据的情况下，就可以对中、小流域进行模拟；③灵活性较强，数据输入的时间间隔和模型计算与输出结果的时间步长可以是任意的（Jang et al., 2007; Lee et al., 2010）。

SWMM 模型已被世界各国研究者应用到城市暴雨径流量和污染负荷量的估算与预测，以及绿地系统的布局和排水管网的设计中。Brezonik 和 Stadelmann（2002）采用 SWMM 模型对美国明尼苏达州双城大都会区域的暴雨径流量、污染负荷量和污染物浓度进行了模拟分析。Lee 等（2010）借助 SWMM 模型和 HSPF 模型对汉江的一个小流域进行了径流量和污染负荷量的估算，结果表明，SWMM 模型在小尺度的市区模拟上效果更好。我国学者董欣等（2006）以深圳河湾地区的排水系统规划为例，基于 SWMM 模型分析评估了深圳"布局规划方案"近期（2010 年）和远期（2020年）的环境影响。马晓宇等（2012）以温州市典型住宅区非点源污染为对象，运用 SWMM 模型模拟分析了不同降雨条件下研究区内的非点源污染物污染负荷量及其累积变化过程。

4.HSPF 模型

HSPF（Hydrological Simulation Program-Fortran）模型是由美国环境保护署基于斯坦福流域水文模型于 1981 年研制开发的半分布式流域水文模型（韩莉等，2015）。模型可以模拟降雨径流、土壤流失、污染物迁移、河道水力等过程，还能应用于气候变化与土地利用变化所引起的流域水环境效应情景模拟（李兆富等，2012）。

HSPF 模 型 以 BASINS（Better Assessment Science Integrating Point and Non-point Sources）系统为平台，包括 3 个核心模块：①透水地段水文水质模拟模块（PERLND），适用于模型子流域透水部分（耕地、园地、林地等），径流通过坡面流或者其他方式汇入河流、水库中；②不透水地段水文水质模拟模块（IMPLND），用于不透水地段（建设用地）水文水质过程模拟；③地表水体水文水质模拟模块（RCHRES），用于模拟单一开放式河流、封闭式渠道或湖泊、水库等水体（Bicknell et al.，2001）。

HSPF 模型具有以下特点：①模型基于 BASINS 系统平台，能够实现研究区地形地貌、土地利用、土壤、河流等数据的自动提取；②可以将降雨径流过程按某一尺度划分空间，对每一区域内的降雨、入渗等过程分别进行动态和连续模拟；③每个子流域间具有承接关系，可根据需求调整子流域水文响应单元大小，从而实现分布式模拟，且能减少计算冗余；④能够用于城市和农业混合型的不同时空尺度流域，能够模拟时间步长为小时的降雨径流过程（韩莉等，2015）。

HSPF 模型在国内外水文、水质过程模拟，以及气候变化和土地利用影响的水文效应情景分析中发挥了重要作用。Kourgialas 等（2010）以希腊喀斯特地区 Koiliaris 河流域为例，采用 HSPF 模型模拟了地表和地下水径流过程，模拟结果与观测数据表现出较好的一致性。Praskievicz 和 Chang（2011）采用 HSPF 模型分别模拟了八种气候变化情景、两种土地利用变化情景，以及四种组合情景下美国俄勒冈州 Tualatin 河流域水文、泥沙和营养盐输出情况，研究结果有助于制定区域的长期规划。国内，薛亦峰等（2009）以潮河支流大阁河流域为例，利用 HSPF 模型模拟径流量，研究结果表明，出流量多年相对误差为 0.17，证明 HSPF 模型对研究区流域长期连续径流量模拟具有较强的可靠性。程晓光等（2014）以北京妫水河流域为例，利用 HSPF 模型进行了径流量模拟，结合人工率定和 PEST 自动率定方法进行了参数优选，并对参数进行了不确定性分析。

5.HEC 模型

HEC（Hydrologic Engineering Center）模型是由美国陆军兵工团水文工程中心开发的水文水力模型。模型可用于模拟地表和地下水文、河道水力和泥沙迁移过程，进行水文统计和风险分析、水库系统分析、实时水资源控制和管理（Bennett et al.，

2003；Scharffenberg et al.，2003）。HEC模型是一系列模型的合集，其中早期的模型有HEC-1（流域水文计算）、HEC-2（河道水力计算）、HEC-3（水库系统分析）、HEC-4（流速随机生成程序）等，最新应用较多的有：HEC-HMS，用于模拟降雨径流过程；HEC-RAS，用于河道水力计算；HEC-FDA，用于洪灾损失分析（陆波等，2005）。本书主要介绍HEC-HMS模型。

HEC-HMS模型包括流域模块、气象模块和控制模块三个部分。流域模块用以构建流域系统的各个水文单元，包括子流域产流、坡面汇流、地下径流、河道汇流等；气象模块用于输入和管理流域降雨资料，描述雨量站分布，并建立雨量站与各个子流域的关系；控制模块主要用来设定模型的起始、结束时间及模拟流域降雨径流过程等（Feldman，2000；Verma et al.，2010；丁杰等，2011）。

HEC-HMS模型对单次洪水过程的模拟包括两个部分：子流域产流、坡面汇流部分和河道汇流部分。前者主要模拟每个子流域内净雨的生成及汇集到各出口断面的流量过程；后者用于模拟水流从河网流向流域出口的过程。此外，模型还考虑了流域中起调蓄作用的水库、洼地等对洪水汇流过程的影响（陆波等，2005；李春雷等，2009；Gul et al.，2010）。

HEC-HMS模型具有以下特点：①应用尺度广泛，既可以模拟较大流域降雨径流过程，也可以模拟城市或自然汇水区的水文过程；②与GIS结合紧密，为用户提供更加丰富的数据分析和水文模拟功能；③模型具有参数自动率定功能，为用户节约了大量率定时间。

HEC模型在国内外洪水模拟预报中有着广泛的应用。Knebl等（2005）以美国得克萨斯州圣安东尼奥河流域为例，将HEC-HMS模型与HEC-RAS模型耦合，模拟了区域尺度的洪水过程，取得了较好的效果。Meenu等（2013）以印度Tunga-Bhadra河流域为例，借助HEC-HMS模型模拟了不同气候变化情景对流域水文过程的影响。我国学者王力等（2007）利用HEC-HMS模型对南水北调东线沿线流域进行了降雨径流模拟，结果表明，模型在南水北调东线沿线地区有较好的适用性，能为东线工程的水资源调度决策提供区间来水模拟预报。丁杰等（2011）基于历史反演法，采用HEC模型对伊河上游东湾流域水文过程进行了模拟，结果表明，1964—2000年东湾流域下垫面的调蓄能力有所增强。

表 2.9 从研发机构、模型功能、时间尺度、空间尺度、模型特点、模型复杂性、对数据和人员要求的方面对 SCS 模型、SWAT 模型、SWMM 模型、HSPF 模型和 HEC-HMS 模型进行了比较。

表 2.9 典型流域水文模型比较

模型	SCS	SWAT	SWMM	HSPF	HEC-HMS
研发机构	美国农业部水土保持局	美国农业部农业研究中心	美国环境保护署	美国环境保护署	美国陆军兵工团水文工程中心
模型功能	计算流域地表径流	模拟连续长时段的流域水文过程、水土流失、化学过程、农业管理措施和生物量变化	模拟城市降雨径流和污染物迁移过程	模拟降雨径流、土壤流失、污染物迁移、河道水力等过程	模拟地表和地下水文、河道水力和泥沙迁移过程
时间尺度	单次	长期连续的	单次 / 长期连续的	长期连续的	单次
空间尺度	小尺度	大尺度	中、小尺度	大尺度	大、中尺度
模型特点	结构简单、易于理解、所需参数少，可应用于无资料地区	计算效率高、能进行连续长期模拟、模拟精度高	通用性较强、灵活性强、对城市管网系统模拟效果较好	能自动提取下垫面数据、适用于不同时空尺度	应用尺度广泛、具有参数自动率定功能
模型复杂性	低	高	高	高	高
对数据和人员要求	低	低	高	高	低

2.4 绿地景观格局及优化模型

绿地为城市提供多种生态系统服务，而绿地景观格局影响了其功能的发挥，北大景观研究团队在 20 世纪末就开展了对绿地系统格局的研究，积累了丰富的研究成果，包括：以中山市为例，提出了通过建立水系廊道网络和连接城中残遗斑块的途径增强城市景观生态过程与格局的连续性（俞孔坚等，1998），利用阻力模型研究了中山市绿地系统的可达性（俞孔坚等，1999）。在香山滑雪场敏感地段设计中就提出了土地利用最优格局的雏形，即探寻一个双赢的空间战略和土地利用格局：在尽可能少地牺牲对方利益的同时最大限度地维护自身的利益（俞孔坚等，2001）。

本节从绿地系统格局与规划、绿地系统格局的多尺度分析、绿地系统格局的定量研究和绿地系统格局优化四个方面对绿地景观格局及优化模型研究进展进行阐述。

2.4.1 城市绿地系统格局与规划

随着城市绿地规划思想的形成，绿地系统的空间特征逐渐成为各国学者研究和实践的重点。绿地系统的空间布局与城市的发展形成共轭关系，一方面，绿地系统可以限制城市的蔓延，为城市提供良好的环境；另一方面，城市丰富了绿地系统的文化内涵，提升了绿地系统的存在价值。

1. 典型绿地系统布局形式

Lyle 在 1985 年刊印的《设计人类的生态系统》（*Design for Human Ecosystems*）中，指出以生态保护为目的的绿地系统包括四种配置类型：分散型、群落型、廊道结合型和群落廊道结合型（Lyle，1985）（图 2.1）。Turner 在 1987 年指出绿地配置包括六种类型，即可以容纳多种休闲活动的集中型配置、相同服务半径的均等型绿地配置、与其他公共设施的配置相结合的混合型配置、沿建筑物边缘配置的边缘结合型、保护水环境和生物的水系活用型、蛛网系统型（图 2.2）。

我国也有学者对绿地系统模式进行了总结。王新伊（2007）指出国外城市绿地系统布局类型可以分为集中块状型、线性带状型、组团型、链珠型、放射型、楔形、

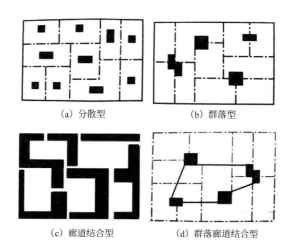

（a）分散型　　　　　　　　（b）群落型

（c）廊道结合型　　　　（d）群落廊道结合型

图 2.1　Lyle 提出的绿地系统的四种配置类型

（资料来源：许浩，2006）

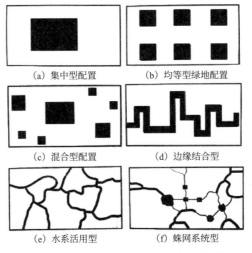

(a) 集中型配置　　　　(b) 均等型绿地配置

(c) 混合型配置　　　　(d) 边缘结合型

(e) 水系活用型　　　　(f) 蛛网系统型

图 2.2　Turner 提出的六种绿地配置类型

（资料来源：Turner, 1987）

散点型、网状，并将这八种绿地格局形式进一步归纳为：以绿色廊道联结成网的廊道网络模式、以环城绿带为特征的环状圈层模式、以楔形绿地为特征的楔向放射模式和依城市地理人文特点而发展的模式等。夏涛（2003）将我国绿地系统布局总结为四种模式。①块状绿地格局，目前我国大多数城市的旧城区绿地系统属于此类，如上海、青岛、大连、武汉等；②带状绿地格局，此种绿地布局主要是利用现有的河湖水系和城市道路、旧城墙等因素形成纵横向绿带、放射状绿带及环状绿带结合的绿带网，如苏州、西安、南京等；③楔形绿地格局，主要是利用河流、地形、放射干道等形成由郊区深入市中心的楔形绿地，合肥市的绿地系统是典型代表；④混合式绿地格局，此种方式是前三种绿地格局方式的结合，可以形成比较完善的城市绿地系统，有利于绿地生态功能和环境效益的充分发挥。北京市的绿地系统就是在此基础上发展而来的。周志翔等（2004）考虑到绿地景观格局特性（绿地景观要素类型、斑块数量与面积等）的差异，以及总体景观格局的一致性和连接性，将绿地系统格局分为三种模式：①斑优格局景观，以大面积绿地斑块占优势；②斑匀格局景观，以中小面积绿地斑块与廊道均匀分布为特征；③廊道格局景观，绿地斑块较少，廊道绿地占优势。刘艳红等（2011）总结了五种常见的绿地系统格局：点状、条带状、环状、放射状、楔状（图 2.3）。

参考国内外学者的研究成果，笔者将常见的绿地格局归纳为以下几种：块状格局、分散格局、带状格局、环状格局、放射状格局和网络连接格局。

2. 绿地格局与城市规划的结合

城市绿地系统格局的研究与规划联系紧密，对绿地系统结构和功能的分析能够

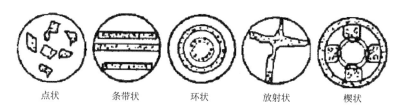

点状　　　条带状　　　环状　　　放射状　　　楔状

图2.3　五种常见的绿地系统格局

（资料来源：刘艳红等，2011）

为城市绿地系统合理规划提供科学依据。城市绿地系统的土地适宜性评价结果被广泛用于城市森林布局规划（Gul et al., 2006）、农田保护规划（Corona et al., 2008）、绿地系统规划（Zhou et al., 2011）和城市土地利用总体规划（Svoray, Bannet, 2005）。通过识别绿地斑块的空间特性（Colding, 2007），分析城市生态安全格局（Yu, 1995; Yu, 1996），能够为城市生物多样性保护规划、城市生态基础设施的构建提供参考。此外，城市绿地系统的定量研究还能够评价规划及政策的实施效果。基于多情景分析对不同规划、政策实施的预期效果进行评价，可以辅助科学决策。一方面，城市绿地系统的保护是评价综合生态影响的重要指标，多情景分析表明，虽然城市集约发展模式也会导致耕地面积的减少，但景观破碎化的程度相对较低，城市扩张得到了有效控制（Beardsley et al., 2009; Xi et al., 2012）。另一方面，通过直接比较规划前后绿地系统格局变化，能直观地评价规划实施后的实际效果。Zhang 和 Wang（2006）、Kong 等（2010）对厦门岛和济南市的绿地格局变化进行研究后发现，虽然早期规划中的绿地斑块起到了一定的"踏板"作用，但新增的广场和道路绿化并没有很好地优化网络结构，而基于生态网络情景分析的城市绿地系统规划则显著提高了整体绿地系统的连通性水平。

2.4.2 城市绿地系统格局的多尺度分析

城市化过程的多尺度特征决定了不同水平上绿地系统格局响应机制的差异，而城市绿地系统格局的研究主要集中在中心城区，部分扩展到市域范围，采用多尺度分析方法的研究比较少。尤其是在不同粒度水平上进行多尺度分析的研究更少。总结国内外研究发现，城市绿地系统格局的多尺度研究主要包括：区域、市域、城区、街道、居住区（表 2.10）。

表 2.10　城市绿地系统格局的多尺度研究

研究者	主要研究内容	研究尺度				
		区域	市域	城区	街道	居住区
Jim 和 Chen (2003)	运用景观生态学原理，在三个尺度上分析了城市绿楔、绿道网络及绿地延伸结构的空间形态和分布，提出了南京市绿地格局的多尺度规划方案		√	√		√
Weber 等 (2006)	运用马里蓝绿色基础设施评价模型，根据生态重要性对多尺度的生态用地进行了识别和分级	√				√
Zetterberg 等 (2010)	运用网络分析方法，在区域、市域和居住区尺度上系统分析、优化和设计了斯德哥尔摩地区的生态网络，为重要生境斑块的修复和保护提供了科学依据	√	√			√
Ji 和 Chu (2012)	基于绿地景观格局和绿地量的融合，建立了多尺度的城市绿地监管系统，以及相应的城市绿地系统格局和绿地量的监管措施	√		√		√
俞孔坚等 (2005b)	以浙江省台州市为例，通过建立生态基础设施，在宏观、中观和微观三个尺度上来定义城市空间发展格局和形态	√		√	√	
李锋和王如松 (2006)	运用社会-经济-自然复合生态系统理论，在区域、城区和居住区等水平上系统评价和规划了城市绿色空间的结构与功能，实现了绿色空间格局的多尺度分析	√		√		√
尹海伟等 (2008)	以上海和青岛为例，分析了市区公园绿地可达性与公平性的空间格局				√	√
赵丹等 (2011)	基于生态当量的概念，以宁国市为例对该研究区不同空间范围下生态用地的结构及其优化方法进行实例分析		√	√		

2.4.3 城市绿地系统格局的定量研究

定量分析城市绿地系统的空间格局特征，深入剖析其内在的形成机制，有助于理解城市绿地系统的景观格局与过程，分析城市化带来的社会、经济和生态影响，并制定更为有效的景观规划策略。常用的绿地系统格局量化方法包括：景观格局指数分析法、网络分析法、可达性分析法和梯度分析法。

1. 景观格局指数分析法

景观格局指数分析法是借助少量精选的景观格局指数来抽象地反映景观结构组成和空间分布特征，从而实现不同景观之间，以及同一景观发展变化的比较研究，并通过研究分辨出一些细微的、具有意义的景观结构差异（邬建国，2001）。在城市绿地系统格局的研究中，景观格局指数常被用来表征绿地系统的破碎度和连通性等空间特征。

1）破碎度

城市绿地系统破碎度分析依赖于指标的选择和构建，景观面积比是最基础的破碎化指数，可将破碎化程度分为 4 个等级：荒芜、破碎、斑驳和完整（Crossman et al.，2007）。也有学者利用改进的指数加权方法丰富了绿地系统破碎化评价方法。Uy 和 Nakagoshi（2007）利用景观格局指数分析法和梯度分析法研究了越南河内市的绿地破碎度。La Greca 等（2011）通过对斑块面积指数和 500 m 范围内斑块数进行线性加和，评价了绿地斑块破碎度的空间分布，并认为居住用地是导致城市绿地斑块破碎化的主要因素。Tian 等（2011）选取了平均斑块面积（AREA_MN）、斑块密度（PD）、平均形状指数（SHAPE_MN）、平均最邻近距离（ENND_MN）、连接度（CONNECT）、景观分割度（DIVISION）、有效粒度尺寸（MESH）和景观分离度（SPLIT）8 个景观格局指数，分别表征绿地斑块的面积、形状特征，以及斑块之间的空间关系和隔离度，利用主成分分析法模拟了香港地区不同绿地的破碎度，研究发现，非城市化地区和城市边缘的绿地覆被较高，绿地斑块的连通性较好，破碎度相对较低。

2）连通性

城市绿地系统的连通性对于优化绿地系统网络结构和增强生态系统服务功能具有重要意义，其研究方法已从单纯的指标选取过渡到模型与指标的耦合。Hepcan

（2013）选取了斑块所占景观面积比（PLAND）、斑块数量（NP）、平均斑块面积和连接度 4 个景观格局指数，研究了土耳其伊兹密尔市中心区绿地系统的连通性。Levin 等（2007）以 Ramot Menashe 地区为例，基于景观格局指数和最小值原理评价了高速公路建设对绿地系统连接度的影响。Su 等（2010）基于干扰斑块与目标斑块之间的距离和面积因素，构建了隔离度指数，研究了西太湖流域城市扩张对绿地系统连通性的影响。常青等（2007）以山东省青岛市即墨区为例，基于生态适宜性评价确定绿地基质的保护范围，基于生态敏感性评价确定主要的生态功能斑块，基于最小累积耗费距离模型，采用生态连通度指数（ECI）表征空间单元间的生态连通性，研究结果为城市绿地系统格局优化提供指导。Lookingbill 等（2010）、Freeman 和 Bell（2011）通过试验得到指示物种迁移运动的阈值距离，并运用图论和景观渗透模型模拟了反映连通性水平的距离与面积指数，研究表明，与绿地斑块的面积相比，绿地的空间布局及其功能连接对不同城市化水平下的物种保护具有同等重要的意义。

2. 网络分析法

网络分析法的理论基础是图论和运筹，网络分析法是对地理网络、城市基础设施网络进行地理化和模型化，主要应用于资源的优化配置、最短路径的寻找等（Chin et al., 2008）。近年来，城市绿地系统的网络分析方法已经形成了较为系统的框架，包括重要的"源""汇"绿地斑块的确定，绿地斑块生境适宜性与景观阻力评价，基于最小费用距离法的潜在廊道模拟，基于中介中心指数对关键的踏脚石结构的识别，以及基于图论的情景分析等（Kong, Yin, 2008; Zetterberg et al., 2010）。

Kong 等（2010）为评价绿地斑块的重要性，提出了斑块面积和连接城市外围绿地的重要性两项选择依据，认为"源""汇"斑块的分布必须覆盖八个方向并延伸至研究区的边界。Pereira 等（2011）认为斑块的重要性体现在各斑块对网络系统的贡献，通过计算斑块移除后网络连通性指数（PC Index）的变化，来确定各斑块的重要程度。

生成阻力面是模拟潜在廊道的基础，关键在于阻力权重的确定。通过为不同土地利用类型分别赋予阻力值，同时兼顾人为干扰和城市开发的影响，是构建阻力面的常用方法（Yu, 1995; Yu, 1996; 尹海伟等, 2011）。Nichol 等（2010）基于高分辨率的 IKONOS 影像，采用线性光谱分离法获取栅格水平上的植被覆盖率，并由此设置了三种不同的阻力赋值方案生成阻力面，与传统的赋值方法相比，该方法更适用于小尺度上生境的空间表征和更为精细的城市生态研究。

生态网络情景分析需要识别绿地斑块之间可行性（道路绿化廊道、空地、小的绿地斑块等）或不可行性（城市建设用地、商业区、公路等）的连接（Zhang et al., 2006; Uy et al., 2007）。Kong 等（2010）基于重力模型确定了斑块之间交互作用强弱的判断阈值，并剔除了冗余的廊道。Zetterberg 等（2010）提出了不同观点，认为增加网络的空间冗余度有助于系统在应对斑块或廊道移除时弹性的增强。

3. 可达性分析法

可达性分析法是研究城市绿地系统格局的常用方法，常用于分析绿地与居住用地的空间关系。影响绿地可达性的因素主要是绿地面积和城市居民的需求。绿地系统格局与居住区往往并不匹配，从而造成绿地系统服务水平失衡。城市绿地系统的可达性分析有助于识别绿地系统分布不合理的区域，为城市绿地系统的合理布局和优化提供科学依据。绿地可达性分析法包括：缓冲区法、最小邻近距离法、网络距离法、引力模型法和费用加权距离法（表 2.11）。

现有研究大多只考虑居住用地到大型公共绿地的距离或时间，很少考虑都市农业等其他绿地类型的互补和替代作用。Barbosa 等（2007）对城区绿地的可达性的研究表明，庭院种植与公共绿地在空间分布上具有负相关性，证实了庭院种植对公共绿地的互补和替代作用。此外，现有研究大多只关注居住区到最邻近的绿地的距离或时间，而很少考虑次邻近绿地，且较少研究绿地特征（如面积、类型、质量）对可达性的影响。

表 2.11　绿地可达性分析法比较

方法	原理	方法优缺点	代表性人物
缓冲区法	计算某一点或区域一定半径距离内的城市绿地的数量、类型及面积，或者计算城市绿地一定半径距离内的某类要素的数量、面积	计算简单、操作性强，但结果只能区分可达和不可达两种类型，不能分析空间内部的可达性差异	Neuvonen 等（2007）、Cutts 等（2009）
最小邻近距离法	计算某一点到最邻近的城市绿地的直线距离	计算简单，考虑了人口分布因素，但没有考虑路网、山体、河流等因素影响，易高估服务设施的可达性	尹海伟 等（2008）、Kessel 等（2009）

方法	原理	方法优缺点	代表性人物
网络距离法	以实际道路系统为基础，对不同等级的道路根据交通工具赋予不同的通行能力，能够直观地进行路径选择、资源分配、公共服务设施服务范围等测算	逼真模拟现实的道路网络，计算结果更接近真实的城市绿地可达性水平，但需要更精细的数据和分析软件支持	Barbosa 等（2007）、陈书谦（2013）
引力模型法	由物体间的万有引力引申而来，不仅考虑距离，还考虑绿地的自身因素，如面积、质量等	考虑了距离和绿地的自身因素，分析较全面，但模型较复杂，计算结果较难解释	Talen 和 Anselin（1998）、周廷刚和郭达志（2004）
费用加权距离法	计算从某一点或区域到城市绿地所耗费的成本（一般指路程、时间和金钱）	计算结果直观，但不同土地类型阻力值的确定没有统一标准	俞孔坚等（1999）、Dai（2011）

4. 梯度分析法

梯度分析法是研究绿地格局变化与城市化过程之间关系的有效方法。城市绿地系统格局的梯度分析法主要有：区分方向变化的样带分析法、具有各向同性的缓冲区梯度分析法和基于城乡空间区划的比较研究（表 2.12）。

表 2.12 梯度分析法比较

方法	原理	方法优缺点	代表性人物
样带分析法	基于非重叠的采样单元，沿城市发展轴向设置样带，可辨识绿色开敞空间（包括城市森林和农田）从中心城区到城市边缘的分布与转变规律	样带宽度的设定主观性较强，基于移动窗口的辐射样带分析能够更准确地揭示城市绿色空间格局的梯度变化	Hahs 和 Mcdonnell（2006）、Uy 等（2007）、Rafiee 等（2009）
缓冲区梯度分析法	通常沿城市中心或主要交通干线设置不同宽度的缓冲带，同样用于比较绿色空间沿城市扩张方向上的数量和结构变化	缓冲区的形状和间距的确定较主观	Clarkson 等（2007）、Li 等（2010）
基于城乡空间区划的比较研究	方法一：参照政府的规划标准或依据行政区划将土地利用划分为建成区、城市边缘区和农村地区；方法二：指标分类法通过量化和区分不同城市化水平下地表覆被的优势景观类型，如硬化地表面积比例，以及其他环境变量，实现对城乡土地利用的空间区划	方法一：受到行政区划的限制，主观性较强，分类结果的准确度不高；方法二：指标选取较随意，不够全面，未形成多层次的评价指标体系，且阈值的确定缺少依据	Zhang 等（2008）、Qureshi 等（2010）

梯度分析的三种常用方法都涉及样带、缓冲区或城乡土地利用空间区划的问题，现有研究的划分大多是试验性的，比较主观，缺乏依据。土地利用及其环境变量沿城乡梯度变化，具有连续性，因此，基于模糊数学的"软分类"策略在城乡土地利用的空间区划中具有很广泛的应用前景。Wade 等（2009）根据土地覆被特征，运用滑动窗口和聚类算法，对城市化影响范围进行了多尺度的表征，并将区域土地利用划分为城市核心区、城郊区、过渡区、农村道路网和农村地区，为城乡土地利用空间区划提供了一种新思路。

2.4.4 城市绿地系统格局优化

城市绿地系统格局优化基于景观生态学理论和方法，通过优化与调整城市绿地斑块的数量和空间分布，改善受威胁或受损的生态功能，从而最大限度地发挥绿地系统的生态、经济、社会效益。对于特定目的的城市绿地系统格局优化（如雨洪调蓄），则以单个目标价值最大化作为绿地系统空间格局优化思想。绿地系统格局优化研究要以对景观的空间格局与过程，以及功能之间关系的理解为基础。城市绿地系统格局优化的一般过程包括：找到景观格局对过程的影响方式，建立数学模型；基于景观生态学的理论和方法，在数学和计算机工具的辅助下建立景观格局变化的模拟模型和优化模型；构建生态、经济和社会综合价值的多目标优化模型（韩文权等，2005）。从优化方法上，城市绿地系统格局优化模型包括：概念模型、数学模型和计算机空间模型。

1. 优化方法分类

根据优化方法的不同，城市绿地系统格局优化模型可以分为概念模型、数学模型和计算机空间模型。

1）概念模型

概念模型是在生态因子调查研究的基础上，基于景观格局与功能关系的一般规律，以经验的或理论的模式对景观的空间格局进行调整（韩文权等，2005）。Forman（1995）提出了两种景观格局优化的概念模型：不可替代景观格局和最优景观格局，从而把景观生态学理论落实到了空间布局上。不可替代格局是几个大型的自然植被斑块作为水源涵养所必需的自然地理；有足够宽的廊道用于保护水系和满足物种空间运动的需要；而在建成区里有一些小的自然斑块和廊道，用于保证景观的异质性。最优景观格局是在不可替代格局的基础上发展而来的，"集聚间有分散"被认为是生态学意义上最优的景观格局模式，这一模式强调应将土地利用分类集聚，在发展区和建成区内保留小的自然斑块，沿主要的自然边界地区分布一些人类活动的"飞地"。Jim（2004）总结了紧凑城市绿地保护和配置的研究成果，提出了对现存绿地和新建绿地的规划策略。Zhou 等（2012）以沁河流域山西晋城市段为例，基于生态因子叠置法，根据水环境敏感性和水环境压力对流域进行等级划分，并针对各类区域的现状提出了相应的景观格局调整方案，以及整个流域的景观格局布置思路。目前对概念模型的研究以对景观元素属性和相互关系的定性描述为主，因此，在实际案例的应用中还缺乏可操作的途径（张惠远，王仰麟，2000）。

2）数学模型

（1）线性规划法

线性规划法是一种解决多变量最优决策的数学方法，是在各种相互关联的多变量约束条件下，解决或规划一个对象的线性目标函数最优的问题。在绿地系统格局优化模型中，其基本结构包括目标函数与约束条件，其具体方程主要包括资源限制、供需平衡、目标约束、绿地变化约束及目标函数五个部分（左军，1991）。Ward 等（2003）运用线性规划模型，基于 LINGO 软件，对澳大利亚黄金海岸地区的土地利用结构进行了优化。杨晓勇和李永贵（1994）以北京市汉家川流域为例，利用线性规划法对流域土地利用结构进行了优化。郭琳（2014）借助线性规划模型对巴彦县土地利用数量结构进行了优化配置。

（2）多目标分析法

Koopmans（1951）在生产与分配的活动分析中提出了多目标最优化问题，并且首次提出了最优解的概念，到 20 世纪八九十年代，多目标分析法开始被应用到景观格局优化领域。城市绿地系统景观格局优化常常包括多个目标，如生态、经济、社会效益，多目标规划和管理是解决景观可持续发展的一种有效途径（De Groot，1992）。Jankowski 等（2008）采用多目标分析模型，对美国华盛顿州 Chelan 社区的土地利用空间格局进行了优化。

（3）系统动力学模型

前两种模型都属于静态模型。城市绿地需求受到社会、经济和政策等多方面的影响，因此其规划目标和方案也需要不断调整，而系统动力学模型提供了一种解决方法。系统动力学模型基于规划目标与规划因素之间的因果关系建立信息反馈机制，模型的行为模式与结果主要取决于模型结构而不是参数值的大小，模型具有动态性和仿真性特点。依据系统论的原理，通过分析城市绿地的结构和系统内部各组成部分之间的反馈关系，可以建立反映城市绿地系统结构优化度的系统动力模型。然而系统动力学模型的建立需要对模拟的系统进行充分的研究，对系统内部各种反馈机制有非常深刻的了解，在因果关系不明确的情况下，不建议使用系统动力学模型（刘彦随，1999）。何春阳等（2005）结合系统动力学模型和元胞自动机模型，对我国北方 13 省未来 20 年土地利用变化进行情景模拟，结果表明，农牧交错带地区是我国北方 2005—2025 年土地利用变化比较明显的地区，其中耕地和城镇用地是该地区变化最为显著的两种用地类型。

（4）其他数学模型

除线性规划法、多目标分析法、系统动力学模型外，指数增长模型、微分方程、非线性微分方程、复杂系统，以及模糊数学等模型在土地资源优化配置中也被越来越广泛地运用，用于解决一些难以处理的问题，系统分析的思想也被广泛利用。

3）计算机空间模型

城市绿地系统格局更多地考虑绿地的数量配置和空间分布，其功能和过程是一般的数学模型难以准确表达的，但是计算机技术在空间领域的发展，尤其是 GIS、RS、GPS 技术的出现为绿地系统格局的优化提供了更多的解决方法。计算机空间模型是利用计算机将数学模型与空间位置结合起来，编码计算机程序对生态过程进行空间上的模拟，利用优化算法对城市绿地系统格局进行模拟优化。随着计算机技术的发展，一些先进的技术也为绿地系统格局优化提供了新思路。近年来，最小累积阻力模型、元胞自动机模型、遗传算法、人工神经网络算法、模拟退火算法等方法在城市绿地系统格局优化领域得到了越来越广泛的应用。

（1）最小累积阻力模型

最小累积阻力模型是指从"源"经过不同阻力的景观所耗费的费用或克服阻力

所做的功（Knaapen et al., 1992）。最小累积阻力模型可以反映研究对象的可达性、可穿越度等，模型虽然起源于物种扩散过程的研究，但并不局限于特定的生态过程。近年来该模型已经被应用到了城市土地演变过程的模拟，以及土地利用格局的优化中。我国学者俞孔坚以 Forman 所倡导的景观格局优化理论为依托，针对景观生物多样性、水文过程、游憩过程等的维护，采用最小累积阻力模型，并借助 GIS 中的表面扩散技术，进行了多尺度的景观安全格局理论和实践研究（Yu, 1995; Yu, 1996; 俞孔坚等, 2005a）。张小飞等（2005）以台湾地区乌溪流域典型区为例，基于最小累积阻力模型构建了生态廊道，提出了景观格局优化方案，作为台湾地区未来景观生态建设的参考。孙贤斌和刘红玉（2010）采用最小累积阻力模型，以累积耗费阻力面、生态源地、耗费路径为依据，构建了江苏盐城海滨地区的源地、生态廊道和生态节点等景观组分，且优化了景观格局，研究成果为区域土地利用和生态环境保护提供科学的指导。刘杰等（2012）以滇池流域为例，采用最小累积阻力模型对区域景观格局进行了优化，结合景观各组分生态系统服务功能价值和空间作用，构建了生态源地、生态廊道和生态节点等景观组分，以提高景观格局稳定性，完善生态功能。

（2）元胞自动机模型

元胞自动机模型指的是由许多相同单元组成，根据一些简单的领域规则即能在系统水平上产生复杂结构和行为的时间、空间离散型动态模型（Wolfram, 1984）。借助元胞自动机模型模拟在自然条件和人类活动影响下景观格局的变化，能明确而直接地为景观格局优化提供支持。20 世纪 70 年代，Tobler（1970）意识到元胞自动机模型对复杂地理现象模拟的优势，首先借助元胞自动机模型对美国五大湖边底特律地区城市的迅速扩展过程进行了模拟。20 世纪 90 年代以后，元胞自动机模型被广泛应用于景观格局的研究中（Lett et al., 1999）。Douglas 等以澳大利亚黄金海岸为例，利用元胞自动机模型构建经济、社会、环境多目标优化模型，对城市发展布局进行了模拟优化（Ward et al., 1999; Ward et al., 2003）。郭伟（2012）基于北京地区各历史时期生态系统类型景观格局空间分布，采用 CA-Markov 模型预测了2020 年北京地区景观格局。以沙湾县和农八师垦区为研究区，定量评价了区域土地利用的空间适宜性，并将其与国家退耕还林还草政策作为主要约束条件，建立元胞自动机模型，对研究区景观格局进行了空间优化（朱磊，刘雅轩，2013）。

（3）遗传算法

遗传算法由美国密西根大学 Holland 教授于 1975 年最先提出，采用的是模拟生物在自然环境中适者生存、优胜劣汰的遗传和进化过程而产生的一种具有自适应能力的、全局性的概率搜索算法（Holland，1975）。近年来，遗传算法以其全局优化的特点和并行机制被越来越广泛地被应用于土地利用结构和景观格局优化研究中。Holzkämper 和 Seppelt（2007）基于遗传算法，构建了土地利用格局优化模型（LUPOlib），并应用在两个物种保护案例上。我国学者董品杰和赖红松（2003）、于苏俊和张继（2006）、黄海（2011）等利用遗传算法对多目标的土地利用空间结构优化进行了研究。

（4）人工神经网络算法

人工神经网络算法是由大量处理单元（神经元）互相连接而形成的网络，是一种模仿动物神经网络行为特征、进行分布式并行信息处理的算法模型。人工神经网络模型最早由美国心理学家 McCulloch 和数学家 Pitts 于 1943 年提出，模型具有自学习能力、联想存储能力、高速寻找优化解的能力。近年来，人工神经网络算法在环境保护、生态建设、城市规划、景观格局优化等领域的模拟、评价、预测中的应用日益广泛（Lek，Guegan，1999；刘颂，章舒雯，2014）。Pijanowski 等（2002）利用 GIS 和神经网络算法，预测了美国密歇根州的大特拉弗斯湾流域土地利用变化，阐述了道路、高速路、河流、游憩设施、农业密度对城市化格局的影响机制。张利权和甄彧（2005）将 GIS 景观格局分析与人工神经网络分析方法相结合，定量分析了上海城市景观格局的变化规律，构建了能较准确模拟上海景观格局对居住区用地、人口密度、道路密度、城市发展历史与黄浦江等自然、社会、经济因素响应的人工神经网络模型。汤江龙（2006）将基于人工神经网络的土地利用结构优化模型应用到江西省新余市土地利用布局研究中，以实例验证了模型应用的可行性和模型效率。

（5）模拟退火算法

模拟退火算法是基于蒙特卡洛（Mente Carlo）迭代求解的一种具有全局搜索能力的算法，由 Kirkpatrick 等（1983）最先提出，用于组合优化求解。该算法采用 Metropolis 接受准则，并采用冷却进度表控制算法的进程，最终获得全局的近似最优解。该算法是一种有效的全局优化算法，适用于解决大规模的组合优化问题，与其他优化算法相比，具有简单易懂、操作灵活、运行效率高等特点，已在景观格局优化方向得到了成功的应用。Ohman 和 Eriksson（2002）分别采用模拟退火算法、线性规划法与模拟退火耦合算法对瑞典北部森林优化布局进行了研究，结果表明，耦合模型模拟效果更好。Sante-Riveira 等（2008）运用模拟退火算法对西班牙吉利西亚 Terra Chá 地区的土地利用格局优化进行了研究。在我国，王新生和姜友华（2004）以湖南省长沙市暮云工业区为例，运用模拟退火算法研究了城市土地利用空间优化布局。刘耀林等（2012）以兰州市榆中县为例，以分区适宜性、规划协调性和空间紧凑性作为分区目标，采用模拟退火算法对研究区进行土地利用分区优化，从空间分析的结果看，该分区方案较原方案对各分区目标进行了优化，更好地满足了农业生产、经济发展和生态保护的要求。

（6）其他算法

除最小累积阻力模型、元胞自动机模型、遗传算法、人工神经网络算法、模拟退火算法外，蚁群算法（高小永，2010）、粒子群算法（Ma et al.，2011）、动态尺度搜索算法（Huang et al.，2014）、人工鱼群算法（王琼，2011）等模型也常被用于景观格局优化的研究中。

2. 基于降雨径流过程的景观格局优化

大量研究表明，城市绿地系统格局影响了降雨径流过程。一方面在数量上，Bernatzky（1983）、Kurfis 等（2001）、程江等（2008）等学者的研究表明绿地率越高，其雨洪调蓄能力越强，产生的径流量越小，到达径流峰值的时间越长；另一方面在空间上，绿地系统斑块密度越大、连接度越高、离散度越高，对径流的调蓄作用越好（Bautista et al.，2007；陈前虎等，2013；殷学文等，2014）。近十年来，国内外学者开始关注基于降雨径流过程的城市绿地系统格局优化研究，取得了一些进展。

美国普渡大学 Engel 教授领导的研究团队研究了最小化城市开发对径流的影响，开发了长期流域水文模型 L-THIA 和基于径流的空间优化模型 ROMIN，探讨了模型的可靠性、敏感性和应用范围，借助模型研究了城市开发程度与水文影响之间的关系，以小鹰溪流域和小马斯基根河流域为例，识别了对径流影响最小的新增建设用地布局，研究表明，该模型可用于指导考虑水文管理的城市开发（Tang，2004；Tang et al., 2005；Jeong, 2011）。美国马里兰大学学者 Yeo 研究了基于径流最小化的土地利用格局优化，研究结合了 SCS 流域水文模型和基于梯度算法的空间优化模型，以土地利用为变量，以最小化径流峰值为目标，研究了美国俄亥俄州老太太河流域的土地利用格局优化（Yeo et al., 2004；Yeo, Guldmann, 2009；Yeo, Guldmann, 2010）。

我国学者也进行了一些探索性研究。岳隽等（2007）从水环境保护的角度出发，以源、汇景观在镶嵌组合和空间分异方面利用的适宜性作为优化依据，确定了流域尺度上以调控非点源污染、保护水体质量为目标的景观格局优化研究的概念框架。章戈以北京清水河流域为例，利用多元逐步回归线性模型建立了土地利用特征和流域水文过程的关系，并基于二者关系，采用 LPOP 模型对流域的土地利用格局进行了优化，研究表明，30% 的流域土地应被保留作为林地，城市用地不应超过流域总面积的 50%（章戈，2013；Zhang et al., 2014）。

通过综述国内外对绿地系统雨洪调蓄能力、流域水文模型、绿地景观格局及优化模型的研究发现以下问题。

1）绿地系统雨洪调蓄能力方面

（1）影响因子缺乏系统分析

虽然有学者研究了影响城市绿地系统雨洪调蓄能力的格局因子，但不同因子之间影响的强弱还不明确。现有的绿地空间分布对雨洪调蓄能力的影响研究还较少，且缺乏对影响绿地系统雨洪调蓄能力的因子的综合系统分析。

（2）大尺度的绿地系统雨洪调蓄能力研究较少

20 世纪初，我国开始逐渐重视对雨水的管理，但大多是绿地系统在小尺度雨洪管理中的应用，如何将城市绿地系统应用到大尺度的雨洪管理中，为推进"海绵城市"建设提供科学支撑有待进一步研究。

（3）现有研究成果较少考虑绿地系统布局对绿地系统雨洪调蓄能力的影响

现有的研究成果对城市绿地系统规划布局的指导性不强，与城市规划、绿地规划结合还不够紧密，因此，以雨洪调蓄为目的的城市绿地系统在城市中的布局方式是一个值得深入研究的方向。

2）流域水文模型方面

（1）模型精度与计算量的博弈

模型精度一直是衡量模型优劣的重要标准，如何提高模型精度是学者们一直关注的问题。由于考虑了降雨和流域下垫面的异质性，与集总式模型相比，分布式模型能更精确地反映流域的降雨径流过程，一般也具有更高的精度，所以它必将成为有发展前景的新一代流域水文模型。但与此同时，高精度模型往往需要大量的数据支撑，计算效率低、模型复杂，而简便的模型通常精度又不够高，所以力求模型精度和简洁度的平衡也是一直困扰水文研究者的难题。

（2）数据缺乏

流域水文模型，尤其是分布式流域水文模型需要大量的观测数据和水文过程参数，如降水、气温、地形、土壤、植被等自然环境要素，还有复杂的地下水、农业灌溉、污染物排放等人类活动对水系统影响的数据。随着人类活动对自然水循环影响的不断加大，有观测资料的地区也发展成为新的数据缺乏或无数据地区（董艳萍等，2008）。因此，如何解决建模过程中的数据缺乏问题是流域水文模型研究的又一难题。近年来，GIS 和 RS 技术的快速发展，为流域水文模型，尤其是大、中尺度流域水文模型的数据获取提供了新的途径。GIS 技术与流域水文模型耦合，可以用来获取、分析和管理与模型有关的空间数据，进一步提高模型运算效率。RS 技术与流域水文模型结合，能为模型提供流域下垫面信息，是描述流域水文变异性的最可行方法，尤其是在地面观测数据缺乏的地区，因此，GIS、RS 与流域水文模型的结合，为水文模拟提供了新的技术方法和研究思路。

（3）尺度问题

在流域水文模型研究流域，流域水文模型的尺度问题自流域水文模型于 20 世纪 90 年代初被正式提出，一直受到国内外学者的广泛关注（徐宗学，2010）。不同时空尺度的流域水文系统规律往往有很大差异，不同尺度水文循环的机制不同，流域水文模型的结果也就不尽相同。就时间尺度而言，模拟时长和步长非常重要，不同时段的水文量呈现出显著的差异性；就空间尺度而言，不同尺度的流域水文特性差异较大，例如，小尺度水文实验中获得的物理参数，通常不能直接应用到大尺度流域水文模拟中，而大尺度的水文气象数据也不能直接套用到小尺度模型上（石教智等，

2006）。如何考虑流域水文过程的时空不均匀性和变异性是尺度问题研究的关键，因此，确定模型采集源的时空分辨率、探索不同尺度模型变量和参数之间的转换规律，是当今流域水文模型研究的前沿问题。

（4）模型选择

经过一个多世纪的发展，国内外已经形成数百款不同尺度、不同结构的流域水文模型。如何从这数以百计的模型中，选择适合模拟研究区水文过程，满足管理和决策需求的流域水文模型，一直困扰着水文研究者们。20 世纪 70 年代，欧美学者相继开展流域水文模型选择研究，直至 20 世纪末期我国学者才开始关注流域水文模型选择研究（Vogel et al.，1993；陈昊，南卓铜，2010）。目前，流域水文模型的选择方法主要有两类：基于先验知识的选择和基于数据资料的后验选择。随着信息技术、计算机技术、GIS、RS、人工智能科学的快速发展，集成数据与知识于一体的综合流域水文模型智能选择将成为未来流域水文模型选择的主要发展方向（陈昊等，2010）。

（5）与其他模型耦合

流域水文模型在水问题研究中发挥着越来越重要的作用，但输入数据不足限制了模型的精度，输出数据缺乏进一步的整合，影响了模型在水资源评价、预测、优化等方面的应用。在流域水文模型前端，与大气环流模型、土地利用模型耦合，补充了模型的数据源，提高了模型精度。在流域水文模型后端，与评价模型、预测模型、优化模型耦合，强化了模型功能，拓展了模型应用领域。因此，需要加强流域水文模型与其他模型耦合的研究，从而充分利用流域水文模型的研究成果。

3）绿地景观格局及优化模型方面

（1）多尺度研究缺乏

景观过程的多尺度特征决定了不同水平上绿地系统格局响应机制的差异，目前，大多数研究只考虑某一特定尺度上的绿地系统格局，只有少数研究采用了多尺度的分析方法，尤其是不同粒度水平上的多尺度分析，十分不受重视（陶宇等，2013）。不同粒度的多尺度分析是绿地系统格局研究的一个发展方向，如基于流域分级，研究流域、子流域、排水流域、集水区等不同尺度上绿地系统的格局特征。

（2）过于追求定量化，忽略了内在的景观机制

城市绿地系统格局的定量研究以绿地数量和分布的动态分析为基础，形成了景观格局指数分析法、网络分析法、可达性分析法和梯度分析法等一些成熟的研究方法，为城市绿地新格局分析提供了工具。但部分研究过于追求量化，只关注空间表象而忽略了内在的景观机制。因此，景观格局与过程的影响机制研究仍需加强，绿地系统格局动态分析也是一个值得研究的方向。

（3）多目标优化权重取值问题

多目标问题求解常用的方法是给各目标函数赋权重，通过对各目标函数加权求和来实现系统的多目标综合优化，而权重的赋值往往对模型优化效果有很大影响，通常难以判断各目标函数对变量的敏感性强弱，因此，权重的确定具有很强的主观性。

（4）从数量优化到空间格局优化

城市绿地系统格局优化研究表现出由定性向定量、由静态向动态的发展趋势，实现方法也向由概念模型、数学模型和计算机空间模型相结合的综合分析方法过渡。但受到数据或方法的限制，有些优化模型得到的最优解往往是局部最优解（Yeo et al., 2004），部分格局优化的结果只到数量配置，无法落实到空间上（Kovacs, 2003）。因此，优化模型全局最优解寻找方法的研究是未来的一个发展方向。另外，将格局优化模型与其他过程模型（如流域水文模型）耦合，能拓展模型的应用领域，通过加强空间优化模型的研究，将数量配置与空间定位相结合，使研究成果与城市规划结合得更加紧密。

3

理论模型构建

本章阐述了模型的构建方法，提出了模型假设，以流域分级优化模型和 GSPO_SRS 模型为核心模块构建模型，详细阐述了流域水文模型、回归模型、绿地系统配置优化模型和 GSPO_SRS 模型的构建方法。

3.1 模型概述

城市绿地系统雨洪调蓄能力及格局优化研究，需要对水文过程进行深入分析，因此，为了保证水文过程的连续性和完整性，本书选择城市流域作为研究对象。

3.1.1 模型假设

为了简化模型分析，聚焦绿地系统格局对绿地系统雨洪调蓄能力的影响，提出了以下假设。

① 流域内的土地利用只有三种类型：建设用地、绿地和水体。

② 不考虑流域内排水管网，雨水径流采取重力流。

③ 流域汇流累积量、流域出口的洪峰流量和总径流量是表征绿地系统雨洪调蓄能力的灵敏指标。

因此，绿地系统格局对绿地系统雨洪调蓄能力的影响的研究可以通过绿地系统格局与流域出口处的洪峰流量（总径流量）之间的关系来反映；而绿地系统格局的优化可以表示为洪峰流量（总径流量）的最小化求解。模型计算量庞大，因此，在不影响研究目标的前提下，将流域内的土地利用类型简化为两类，大大缩短了模型计算时间。本书重点研究绿地系统的雨洪调蓄能力，而由于排水管网系统比较复杂，且无法体现绿地系统的雨洪调蓄功能，所以暂不考虑。大量研究表明，洪峰流量和总径流量是表征绿地系统雨洪调蓄能力的灵敏指标，而且，相比于总径流量，洪峰流量对降雨强度的响应更加灵敏（Bingner et al., 2001），总径流量和洪峰流量的计算方法见流域水文模型部分。

3.1.2　模型架构

本书构建的模型主要包括两个部分：流域分级优化模型和基于雨洪调蓄能力的绿地系统格局优化模型。

流域分级优化模型考虑了流域水文过程和绿地系统格局的多尺度特征，并简化了模型，以降低其复杂度。基于雨洪调蓄能力的绿地系统格局优化模型是一种高精度模型，计算量大且模型运行时间较长，而流域分级优化模型恰好能有效地解决这一问题。流域分级优化模型先将流域分为三个等级：流域、集水区、栅格（当流域较大时，可以分成更多等级），在对某一等级进行绿地系统格局优化时，通过忽略更低级别的空间分布细节的方法来简化模型，从而在大大减少模型计算量的同时，也能获得很好的模拟精度。例如，在流域尺度集水区精度上，只需借助回归模型，考虑绿地系统在各集水区的数量最优分布；在集水区尺度栅格精度上，基于雨洪调蓄能力的绿地系统格局优化模型，将集水区尺度上的绿地数量分布落实到空间上，从而实现对整个流域的绿地系统格局优化。

基于雨洪调蓄能力的绿地系统格局优化模型将流域水文模型与空间优化模型耦合，可以用于研究绿地系统格局与绿地系统雨洪调蓄能力的关系，模拟基于雨洪调蓄能力的绿地系统最优格局，并将最优格局落实到空间上，进行雨洪调蓄能力最大化的绿地系统格局变化情景分析。

3.2　水文模型

为了研究城市绿地系统格局对雨洪调蓄能力的影响及优化，本书构建了一个基于栅格的分布式流域水文模型。基于雨洪调蓄能力的格局优化需要计算每个栅格的产流量，计算量庞大，因此选择了结构简单、模拟精度较好的概念性模型 SCS 模型。传统的 SCS 模型是集总式模型，根据流域内不同土地利用类型和土壤类型赋予不同地块 CN 值，再采用权重法计算整个流域的 CN 值，模拟整个流域的产流情况（Geetha et al., 2008；周翠宁等，2008）。而基于栅格的分布式 SCS 模型，先根据流域内每个栅格的土地利用类型和土壤类型确定栅格 CN 值，计算栅格产流量，再根据流域地形、汇流方向，模拟整个流域的汇流过程，进而计算流域出口处总径流量和洪峰流量（Yeo et al., 2004；罗鹏等，2011）。基于栅格的分布式 SCS 模型为绿地系统空间格局优化提供了水文过程模拟支持。

流域水文模型基于以下假设。

① 同质性。

② 线性关系。

③ 流域内降雨是均匀的。

同质性是指流域内每个栅格具有相同的物理属性(如用地类型、土壤类型、高程)，每个栅格对应一个 CN 值。线性关系是指流域汇流过程具有线性可叠加性(如径流量、汇流时间)，且线性关系适用于流域的不同等级。降雨的均匀性保证了流域内每个栅格都与流域具有相同的降雨深度。

3.2.1 产流过程

在第 2 章 2.2.3 节式（2.9）和式（2.10）的基础上，根据物质守恒定理和线性关系假设，栅格水平的水量平衡方程可以表示为：

$$\frac{\mathrm{d}S_i}{\mathrm{d}t} = I_i - Q_i - \lambda_i S_i \tag{3.1}$$

式中：$\frac{\mathrm{d}S_i}{\mathrm{d}t}$——栅格 i 含水量的变化；

I_i——流入栅格 i 的水量；

Q_i——栅格 i 流出的水量；

$\lambda_i S_i$——栅格 i 下渗的水量。

3.2.2 汇流过程

流域汇流路径和栅格汇流方向由流域的地形决定。本书采用 D8 算法（选择邻域单元坡度最大的方向作为栅格流向，如图 3.1 所示）计算每个栅格的汇流方向，确定汇流过程和汇流路径（图 3.2）。径流量、汇流时间和洪峰流量的计算公式参考 SCS 技术报告 TR-55（Bingner et al., 2001）和 AnnAGNPS 技术报告（杨青娟，2014）。

38	30	25	23
32	28	26	20
26	22	18	15
20	15	12	10

（a）DEM（数字表示高程）

2	1	2	4
2	2	2	4
2	2	2	4
1	1	1	出口

（b）流向图（以数字表示）

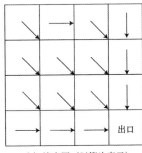

（c）流向图（以箭头表示）

图 3.1　D8 算法示意图

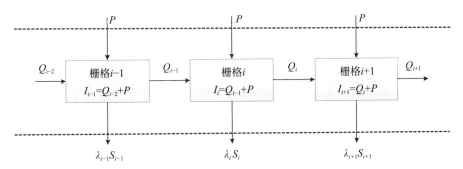

图 3.2　汇流过程和汇流路径

1）径流量

根据线性关系假设和流域过程的线性可叠加性，先分析栅格内的汇流过程，再模拟汇流路径上的汇流过程，然后到集水区尺度，最后模拟整个流域的汇流过程。汇流路径上的径流量通过对所有沿路径的栅格的出流量求和得到，流域出口处的总径流量由流域内所有汇流路径上的径流量加和得到。不同等级径流量计算公式如下。

$$\text{汇流路径 } k: \quad Q_k = \sum_{i \in k} Q_i \tag{3.2}$$

$$\text{集水区 } c: \quad Q_c = \sum_{k \in c} Q_k \tag{3.3}$$

$$\text{流域 } w: \quad Q_w = \sum_{c \in w} Q_c \tag{3.4}$$

式中：Q_i——汇流路径 k 上栅格 i 的出流量，mm；

　　　Q_k——集水区 c 内汇流路径 k 上的总径流量，mm；

　　　Q_c——流域 w 内集水区 c 的总径流量，mm；

　　　Q_w——w 流域出口处总径流量，mm。

2）汇流时间

汇流时间的计算与径流量类似，先根据不同的汇流类型（坡面流、表层流和河槽流）分别计算每个栅格内的汇流时间，再沿汇流路径计算汇流路径上的汇流时间，最后选择所有汇流路径上汇流时间最长的作为流域的汇流时间。

坡面流：
$$T_{ti} = \frac{0.09(nL)^{0.8}}{(P_2)^{0.5} s^{0.4}} \tag{3.5}$$

表层流：
$$T_{ti} = \frac{L}{3600V} \tag{3.6}$$

河槽流：
$$T_{ti} = \frac{L}{3600V} \tag{3.7}$$
$$V = \frac{r^{2/3} s^{1/2}}{n}$$

汇流路径 k：
$$T_{ck} = \sum_{i \in k} T_{ti} \tag{3.8}$$

流域 w：
$$T_{cw} = \max_{k \in w} (T_{ck}) \tag{3.9}$$

式中：T_{ti}——汇流路径 k 上栅格 i 的汇流时间，hr；

　　　T_{ck}——流域 w 内汇流路径 k 上的汇流时间，hr；

　　　T_{cw}——流域 w 的汇流时间，hr，

　　　n——曼宁系数；

　　　L——汇流长度，m；

　　　P_2——两年一遇 24 小时降雨量，mm；

　　　V——流速，m/s；

　　　r——水力学半径，m。

3）洪峰流量

参考 AnnAGNPS 技术报告（杨青娟，2014），流域洪峰流量的计算公式可以表示为：

$$Q_p = 2.78 \times 10^{-3} P_{24} D_a \left[\frac{a + (c \cdot T_c) + (e \cdot T_c^2)}{1 + (b \cdot T_c) + (d \cdot T_c^2) + (f \cdot T_c^3)} \right] \qquad (3.10)$$

式中：Q_p——洪峰流量，m^3/s；

P_{24}——24 小时降雨量，mm；

D_a——流域面积，ha；

T_c——流域汇流时间，hr；

a、b、c、d、e、f——拟合系数，由初期入渗量与 24 小时降水量的比值决定。系数 a、b、c、d、e、f 的取值可以参考 AnnAGNPS 技术报告确定（杨青娟，2014）。

3.3 回归模型

回归模型通常用于拟合多个变量之间的关系，本书采用回归模型研究绿地系统空间特征与雨洪调蓄能力的关系，以及在流域尺度集水区精度上，研究各集水区绿地系统数量分布与雨洪调蓄能力的关系。

3.3.1 绿地系统空间特征与雨洪调蓄能力

本书采用峰值流量（Q_p）和总径流量（Q）来表征绿地系统的雨洪调蓄能力，峰值流量和总径流量可以利用构建的基于栅格的分布式 SCS 模型模拟得到。绿地系统空间特征利用景观格局指数进行表征，借助 Fragstats 3.3 软件，计算了绿地系统的斑块数量、斑块密度、最大斑块占景观面积比（LPI）、总边缘长度（TE）、边缘密度（ED）、景观形状指数（LSI）、丛生度（CLUMPY）、相似邻近比例（PLADJ）、斑块结合度（COHESION）、景观分割度、有效粒度尺寸、景观分离度、聚集度（AI）、标准化景观形状指数（NLSI）。将绿地系统空间特征指标与雨洪调蓄能力指标进行回归分析，拟合二者关系。

$$Q_\mathrm{p}=f(x), \quad x=\{NP，PD，LPI，\cdots\} \tag{3.11}$$

3.3.2　绿地系统数量分布与雨洪调蓄能力

绿地系统数量分布与雨洪调蓄能力关系的拟合是流域分级优化模型的子模型，基于流域地形和物理特征，将流域分为多个集水区，采用系统采样法生成一系列绿地系统格局，利用基于栅格的分布式 SCS 模型，模拟不同绿地系统格局的流域出口处的峰值流量和总径流量。利用回归模型，以每个集水区绿地为自变量，以流域的汇流累积量、出口处的总径流量和峰值流量为因变量，拟合二者关系。

1）系统采样法

为保证绿地系统格局样本在数量配置和空间分布上有足够的变异性，选择了系统采样法用于绿地系统格局样本的生成，具体包括以下步骤。

①选择不同的集水区组合形式，例如将流域划分为 n 个集水区，选择 i 个集水区，有 C_n^i 种组合形式，则总共有 $\sum_i^n C_n^i$ 种组合形式。

②在每种组合形式中，绿地率以 5% 递增，且在每一绿地率条件下随机生成 10 种绿地系统格局，每个组合生成 200 个绿地系统格局样本，结合集水区的组合形式，共生成了 $200\times\sum_i^n C_n^i$ 个样本。

2）多元回归模型

利用流域水文模型计算各样本的峰值流量和总径流量，统计各样本各集水区绿地率，采用多元回归模型拟合二者关系。

$$Q_\mathrm{p}=f(x), \quad x=\{X_k\} \tag{3.12}$$

3.4　绿地系统配置优化模型

在流域分级优化模型的框架下，利用洪峰流量与集水区绿地率的拟合关系，构建绿地系统配置优化模型，优化变量为各集水区绿地率，优化目标是使流域出水口洪峰流量、总径流量、流域汇流累积量最小，优化模型可以表示为：

$$\min Q_{\mathrm{p}} = f(x) \tag{3.13}$$

$$\mathrm{s.t.} x \in X$$

式中：X——流域绿地系统要满足的约束条件。

3.5　GSPO_SRS 模型

本书采用模拟退火算法对集水区绿地系统格局进行优化。模拟退火算法是基于蒙特卡洛法迭代求解的一种全局概率型搜索算法，算法采用 Metropolis 接受准则，并使用冷却进度表控制算法的进程，最终获得全局的近似最优解。该算法是一种有效的全局优化算法，适用于解决大规模的组合优化问题，与其他优化算法相比，具有简单易懂、操作灵活、运行效率高等特点。

3.5.1　模型表述

基于雨洪调蓄能力的绿地系统格局优化模型是将基于栅格的分布式 SCS 模型与模拟退火空间优化算法耦合，模型变量为集水区内每个栅格的用地类型（建设用地和绿地），优化目标为使集水区流域汇流累积量、流域出口洪峰流量、总径流量最小，约束条件为集水区内绿地率满足一定条件，其数学模型可以表示为：

$$\min Q_{\mathrm{p}} = f(x_i) \tag{3.14}$$

$$\mathrm{s.t.} \begin{cases} x_i = 0, \ 1 \\ \sum_{i=1}^{n} x_i = g \cdot n \end{cases}$$

式中：Q_{p}——集水区出口处峰值流量；

　　　x_i——第 i 个栅格的用地类型（0 为建设用地，1 为绿地）；

n——集水区栅格总数；

g——集水区的绿地率。

3.5.2　模型计算流程

采用模拟退火算法的优化模型计算流程（图3.3）包括：

①先模型初始化，设定初始温度 T，每个温度 T 下迭代次数 L，生成一个绿地系统格局作为初始解 S，利用流域水文模型计算 $Q_p(S)$；

②对 $k=1$，…，L，重复③至⑥步；

③产生一个新的绿地系统格局作为新解 S'；

④利用流域水文模型计算峰值流量 $Q_p(S')$，$\Delta Q_p = Q_p(S') - Q_p(S)$；

⑤若 $\Delta Q_p < 0$，则接受 S' 作为新的当前解，否则以概率 $\exp(-\Delta Q_p/T)$ 接受 S' 作为新的当前解；

⑥如果满足终止条件，则输出当前解作为最优解，结束程序，终止条件一般为连续若干个新解都没有被接受时终止算法；

⑦温度 T 逐渐减小，且 $T > 0$，转至第②步。

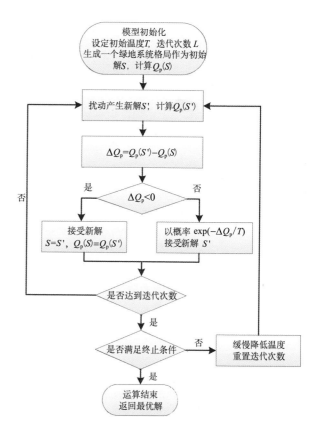

图3.3　模型计算流程

3.5.3 GSPO_SRS 模型功能

GSPO_SRS 模型以 Matlab 2013a 为开发平台，主要包括三个模块：水文模块、优化模块和辅助模块，其功能如图 3.4 所示，水文模块能实现对次降雨径流过程的模拟，计算流域汇流累积量、流域出口径流量、流域出口峰值流量、最长汇流时间、平均汇流时间等雨洪调蓄能力指标。优化模块包括三个核心部分：①流域尺度基于雨洪调蓄能力的绿地系统优化配置；②集水区尺度基于雨洪调蓄能力的绿地系统空间格局优化，模型具有较强的全局搜索能力，并且能够实现基于雨洪调蓄综合能力的多目标优化（多目标优化将在第五章进行详细阐述）；③空间决策支持。辅助模块功能主要包括：随机格局生成、系统采样、水文过程的格局指标计算、帕累托最优解集计算、数据输入输出、批处理等。

GSPO_SRS 模型具有以下优势：①优化的绿地系统格局可以落实到空间上；②模型以 SCS 流域水文模型和模拟退火算法为基础，易于理解，变量较少，操作便捷；③采用有序优化的思想，改进后的模型能够实现基于雨洪调蓄综合能力的多目标优化；④能够实现绿地系统格局的多尺度（流域尺度到集水区尺度）优化；⑤优化模型能够得到全局最优解，精确度较高。

模型的不足之处有：①当模拟的流域面积大、分辨率高时，模型的计算量大，运行时间较长；②模型中用地类型，如绿地和建设用地有待细化。

GSPO_SRS 模型具有很强的实用性，能够指导增量规划和存量规划的绿地系统布局，随着"海绵城市"建设的推进，GSPO_SRS 模型能为城市规划师、景观设计师、水文工作者提供决策支持，为"海绵城市"的落地提供技术支持，具有很好的应用前景。

图 3.4　GSPO_SRS 模型功能

4

城市绿地系统格局对其雨洪调蓄能力的影响

本章构建了基于栅格的集水区概念模型，分析了典型城市绿地系统格局的雨洪调蓄能力。采用 GSPO_SRS 模型的绿地格局生成模块，随机生成了 1000 种绿地系统格局样本，借助皮尔逊相关分析和回归模型，拟合了绿地系统格局与雨洪调蓄能力的关系，并在此基础上，分析了降雨量、地形、土壤和绿地形式对绿地系统格局与雨洪调蓄能力关系的影响。

4.1　集水区概念模型构建

基于栅格的概念模型常用于多变量问题研究。Jankowski 等（2008）构建了一个 10×10 的栅格概念模型，研究了多目标空间优化问题。王新生等（2004）构建了 10×10 和 80×80 的栅格概念模型，研究了多约束条件的城市土地空间布局方案。绿地系统雨洪调蓄能力受降雨、地形、土壤类型、绿地率、绿地形式、空间布局等多个因子的影响，变量关系复杂，本书借助基于栅格的概念模型，通过控制变量的方法，分别探讨绿地系统雨洪调蓄能力对不同因子变化的响应情况。构建栅格概念模型，定量分析绿地系统格局与雨洪调蓄能力之间的关系，并以雨洪调蓄能力最大化为目标，寻找绿地系统最优格局。

4.1.1　模型概述

为了系统研究绿地系统格局对雨洪调蓄能力的影响，本书以 10×10 栅格作为默认的概念模型。我国常用的免费 DEM 数据和遥感影像（Landsat TM）数据均为 30 m 精度，本书也采用 30 m 栅格作为模型的默认精度。模型的输入变量包括：降雨、地形、土壤类型、绿地率、绿地形式等，这些变量的具体设置将在下一节详细介绍。

集水区概念模型假设与总模型假设基本一致。

① 流域内的土地利用只有两种类型：建设用地和绿地，且每个栅格只分配一种用地类型。在集水区内存在有无河流两种情景比较时，考虑第三种用地类型水体。

② 不考虑流域内排水管网，雨水径流采取重力流。

③ 流域出口处的洪峰流量和总径流量是表征绿地系统雨洪调蓄能力的灵敏指标。

④ 同质性和线性关系。

⑤ 没有特殊说明的情况下，所有变量均采用默认值。

4.1.2 模型变量设定

1）降雨

（1）降雨量

不同重现期（降雨频率）的降雨量通常可以由各城市的暴雨公式计算得到，但由于城市暴雨公式一般只适用于短历时降雨情形，所以无法计算不同重现期的日降雨量。本书采用皮尔逊Ⅲ型（P Ⅲ型）曲线拟合的方法，计算不同降雨频率对应的日降水量。以北京市为例，计算过程如下。

① 在中国气象数据网查询和整理 1951—2012 年北京市日降雨量数据。

② 筛选出北京市历年最大日降雨量。

③ 用皮尔逊Ⅲ型曲线拟合北京市降雨频率曲线（图 4.1）。

④ 根据北京市降雨频率曲线计算不同重现期降雨量。

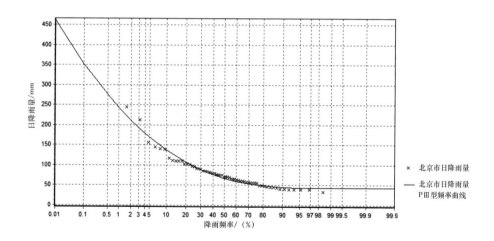

图 4.1　北京市降雨频率曲线

大量研究表明，绿地系统雨洪调蓄能力受降雨强度的影响，降雨强度越大，绿地系统雨洪调蓄能力越弱（Carter et al., 2006; Simmons et al., 2008）。因此，本书选取了北京市一年一遇、两年一遇、五年一遇、十年一遇和五十年一遇的日降雨量（表4.1）作为模型的输入参数，五年一遇的降雨量作为模型默认值。

表4.1　北京市不同重现期的日降雨量

重现期	一年一遇	两年一遇	五年一遇	十年一遇	五十年一遇
日降雨量 /mm	42.7	67.2	106.4	137.5	211.4

（2）雨型

不同雨型会影响流域汇流时间，进而影响峰值流量，TR-55技术报告提供了四种SCS典型降雨分布雨型（Ⅰ、ⅠA、Ⅱ、Ⅲ，如图4.2所示），雨型Ⅱ降雨强度最大（适用于由夏季雷阵雨天气造成的小集水区和具有高径流流速的地区），雨型ⅠA降雨强度最小（适用于海洋性气候的地区），本书选择雨型Ⅱ作为默认值。

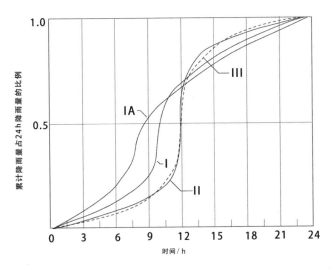

图4.2　SCS（24 h）典型降雨分布雨型

（资料来源：TR-55技术报告，Bingner et al., 2001）

2）地形

（1）汇流方式

不同的集水区地形会形成不同的径流方向，从而影响集水区的汇流过程。本书设计了两种汇流方式，沿主汇流方向坡度均为1%，如图4.3所示，汇流方式1为默认值。

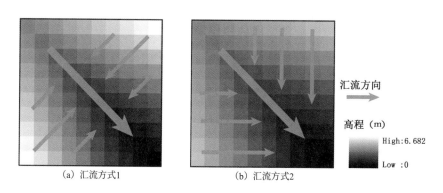

（a）汇流方式1   （b）汇流方式2

图4.3　两种汇流方式

（2）坡度

我国幅员辽阔，地形地貌丰富，平原城市地面坡度平缓，而山地城市坡度较大，因此，本书设计了五种坡度的集水区地形（图4.4），五组对应的坡度分别为：①坡度类型1[图4.4（a）]，沿主汇流方向0.4%坡度，沿次汇流方向1%坡度；②坡度类型2[图4.4（b）]，沿主汇流方向1%坡度，沿次汇流方向2.5%坡度；③坡度类型3[图4.4（c）]，沿主汇流方向2%坡度，沿次汇流方向5%坡度；④坡度类型4[图4.4（d）]，沿主汇流方向1%坡度，沿次汇流方向分两级坡度，分别为2.5%和5%；⑤坡度类型5[图4.4（e）]，沿主汇流方向1%坡度，沿次汇流方向坡度不对称分布，流域下侧分别为2.5%和5%，流域上侧坡度为5%。为了在研究其他变量对绿地系统雨洪调蓄能力影响时，削弱地形因素的影响，本书选择坡度较平缓的第二种坡度地形作为模型默认值。

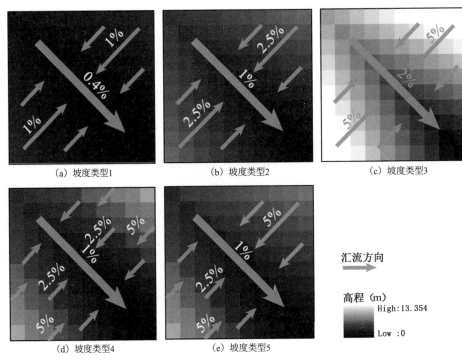

(a) 坡度类型1　　　　　　　(b) 坡度类型2　　　　　　　(c) 坡度类型3

(d) 坡度类型4　　　　　　　(e) 坡度类型5

汇流方向

高程（m）
High：13.354

Low：0

图4.4　五种坡度的集水区地形

3）土壤类型

美国自然环保署（Natural Resource Conservation Service，NRCS）依据土壤入渗率特征，将具有相似径流能力的土壤划分为四个土壤水文组（A、B、C和D）；A型土壤下渗能力最强，以沙土、粗质沙壤土为主；D型土壤下渗能力最弱，以黏土、盐渍土为主；B型、C型土壤的下渗能力介于A型、D型之间。土壤水文分组如表4.2所示，本书选择B型土壤作为模型默认值，A型、D型和AD混合型土壤作为比较值。由于分类体系不同，模型模拟前需要将我国土壤类型转换成对应的土壤水文分组类型。

表4.2　土壤水文分组

土壤类型	最小下渗率/（mm/h）	渗透率	土壤质地
A	>7.26	较高	沙土、粗质沙壤土
B	7.26～7.81	中等	壤土、粉沙壤土
C	1.27～3.81	较低	沙质黏壤土
D	0～1.27	很低	黏土、盐渍土

资料来源：TR-55技术报告（Bingner et al.，2001）。

4）绿地率

依据《中国城市统计年鉴》中建成区绿地率统计数据，绘制我国地级及以上城市的绿地率分布图，由于气候条件、地理环境的差异，各城市绿地率差异较大，所以选择了5%、10%、20%、30%、40%、50%、60%、70%的绿地率作为模型变量参数，选择接近各城市绿地率均值（32.6%）的绿地率（30%）作为绿地率默认值。

5）绿地形式

已有研究表明，绿地形式会影响绿地系统雨洪调蓄能力。5～15 cm 的下凹能大大提高绿地系统雨洪调蓄能力，削减地标径流（陆小蕾等，2009；蔡剑波等，2011）。本书选择无下凹绿地、下凹 5 cm 绿地、下凹 10 cm 绿地、下凹 15 cm 绿地为研究变量，下凹 10 cm 绿地为绿地形式默认值。

6）河流

雨水在坡面和河道中产汇流机理不同，也具有不同的产流量和汇流时间，因此，选择了集水区有无河流两种情景进行对比研究，将模型默认值设为无河道情景。

7）粒度

流域水文过程模拟结果受粒度的影响，在 30 m 精度 10×10 栅格基础上，又建立了 15 m 精度 20×20 栅格和 60 m 精度 5×5 栅格，分析本研究建立的基于栅格的分布式 SCS 模型的粒度效应。

8）CN 值

CN 值是 SCS 模型的重要参数，反映了降雨前流域下垫面的特征。根据集水区内各栅格的用地类型和土壤水文分组，可以确定栅格的 CN 值。CN 值与用地类型、土壤水文分组关系见表 4.3。

表 4.3　CN 值与用地类型、土壤水文分组关系

用地类型	不透水区域面积比例	土壤水文分组			
		A	B	C	D
高度发展区域（已覆盖植被）：					
公共空间（草地、公园、高尔夫球场、墓地等）					
较差条件（植被覆盖率 <50%）		68	79	86	89
中等条件（50%< 植被覆盖率 <75%）		49	69	79	84
较好条件（植被覆盖率 >75%）		39	61	74	80

用地类型	不透水区域面积比例	土壤水文分组			
		A	B	C	D
不透水区域					
硬质停车场、屋顶、汽车道等（除了公路用地）		98	98	98	98
街道与道路					
硬质铺装：路缘石与下水道（除了公路用地）		98	98	98	98
沙砾铺装（包括公路用地）		76	85	89	91
泥土铺装（包括公路用地）		72	82	87	89
西部沙漠区域：					
自然沙漠景观（仅包括渗水区域）		63	77	85	88
人造沙漠景观		96	96	96	96
市区					
商业区	85	89	92	94	95
工业区	72	81	88	91	93
平均每地块上的居住区					
1/8 英亩 *（联排式住宅）	65	77	85	90	92
1/4 英亩	38	61	75	83	87
1/3 英亩	30	57	72	81	86
1/2 英亩	25	54	70	80	85
1 英亩	20	51	68	79	84
2 英亩	12	46	65	77	82
正在发展区域					
新分级区域（仅包括透水区域，没有植被覆盖）		77	86	91	94

资料来源：翻译自 TR-55 技术报告。

*1 英亩约等于 4046.86 m²。

对概念模型变量值进行汇总，结果如表 4.4 所示。

表 4.4　模型变量值汇总表

变量		默认值	对比值
降雨	降雨量	五年一遇	一年一遇、两年一遇、十年一遇和五十年一遇
	雨型	雨型 II	雨型 I、雨型 IA、雨型 III
地形	汇流方式	汇流方式 1	汇流方式 2
	坡度	坡度中等平缓	坡度平缓、坡度陡峭、二级坡度、混合坡度
土壤		B 型	A 型、D 型和 AD 混合型
绿地率		30%	5%、10%、20%、40%、50%、60%、70%
绿地形式		下凹 10 cm	无下凹、下凹 5 cm、下凹 15 cm
河流		无	有
粒度		30 m 精度 10×10 栅格	15 m 精度 20×20 栅格、60 m 精度 5×5 栅格

4.2 典型城市绿地系统格局雨洪调蓄能力分析

在第二章对典型绿地系统布局研究的基础上，设计了绿地率为 30% 的六种典型绿地系统格局，研究绿地系统格局对雨洪调蓄能力的影响。六种典型绿地系统格局如图 4.5 所示。

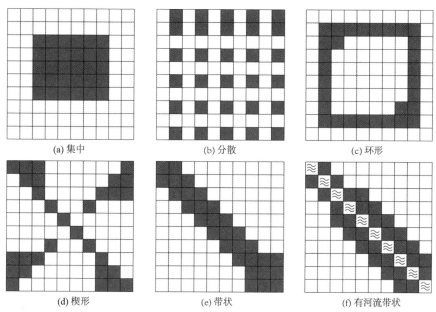

(a) 集中   (b) 分散   (c) 环形

(d) 楔形   (e) 带状   (f) 有河流带状

图 4.5 六种典型绿地系统格局

4.2.1 典型绿地系统格局空间特征分析

本书运用 Fragstats 3.3 软件，选取了斑块密度、聚集度、景观分割度、斑块结合度四个指标，分析了六种典型绿地格局的空间特征，景观格局指数的分析结果如表 4.5 所示。

表 4.5 典型绿地格局的景观格局指数

典型格局	斑块密度	聚集度	景观分割度	斑块结合度
集中	11.11	100.00	0.91	90.83
分散	277.78	10.20	1.00	11.28
环形	11.11	65.31	0.91	90.83
楔形	33.33	48.98	0.96	78.41
带状	11.11	81.63	0.91	90.83
有河流带状	11.11	48.98	0.91	90.83

六种典型绿地格局的景观格局指数分析结果表明，集中格局斑块聚集度和结合度最高，斑块密度、景观分割度最低，与之相反，分散格局具有最高的斑块密度和景观分割度、最低的聚集度和斑块结合度。环形格局具有最高的斑块结合度、最低的斑块密度和景观分割度，聚集度较高。楔形格局各指标居中。有河流带状绿地与无河流带状绿地相比，聚集度较低，其他空间指标一致。

4.2.2 典型绿地系统格局与雨洪调蓄能力

1）典型绿地系统格局雨洪调蓄能力

利用 GSPO_SRS 模型，在模型默认环境下，对六种典型绿地格局进行降雨径流过程模拟，雨洪调蓄能力分析结果如表 4.6 所示。

表 4.6　典型绿地格局与雨洪调蓄能力分析

典型格局	流域汇流累积量 / 万 m³	流域出口径流量 / 万 m³	流域出口峰值流量 / (m³/s)	最长汇流时间 /h	平均汇流时间 /h
集中	3.29	0.43	0.54	1.38	0.81
分散	3.71	0.52	0.68	1.48	0.88
环形	3.05	0.43	0.61	1.16	0.72
楔形	4.13	0.56	0.46	2.45	1.38
带状	4.04	0.47	0.35	2.45	1.39
有河流带状	3.92	0.47	1.46	0.24	0.15

从模型模拟结果来看，环形绿地格局和集中绿地格局对流域汇流累积量的调蓄效果最好，楔形和带状绿地格局对流域汇流累积量的调蓄效果最差。环形绿地格局和集中绿地格局对流域出口径流量的控制效果最好，楔形绿地格局和分散绿地格局对流域出口径流量的控制效果最差。带状绿地格局流域出口峰值流量最小，有河流带状绿地格局流域出口峰值流量最大。带状和楔形绿地格局汇流时间最长，有河流带状绿地汇流时间最短。总体而言，集中绿地格局的雨洪调蓄能力要强于分散绿地格局的，环形绿地格局对流域汇流累积量和流域出口径流量的调蓄效果较好，但削峰效果不明显，带状和楔形绿地格局对流域汇流累积量的调控效果较差，但具有很强的削峰作用。

2）典型绿地系统格局与雨洪调蓄能力的关系

（1）聚散性

绿地斑块聚散性与流域汇流累积量、流域出口峰值流量和汇流时间之间没有明显的关系，但与流域出口径流量表现出一定的相关性，绿地斑块密度越高，流域出口径流量越小 [图 4.6（a）]。

（2）连通性

绿地斑块连通性越高，流域出口峰值流量越小 [图 4.6（b）]、汇流时间越长，绿地斑块连通性与流域出口峰值流量和汇流时间表现出一定的相关性，但并不显著。具体的关系可参见图 4.6。

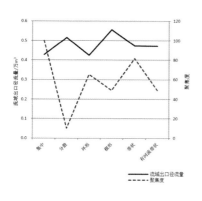 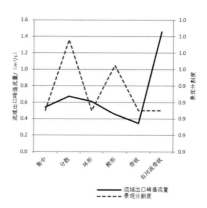

（a）绿地斑块聚散性（以聚集度体现）　　　　（b）绿地斑块连通性（以景观分割度体现）与
　　　　与流域出口径流量关系　　　　　　　　　　　流域出口峰值流量关系

图 4.6　典型绿地格局的景观格局指数与雨洪调蓄能力指数关系

3）河流

与带状绿地格局相比，有河流带状绿地格局在流域汇流累积量和流域出口径流量方面的控制效果与带状绿地格局接近，但在流域出口峰值流量方面的控制效果远高于带状绿地格局，主要原因是降雨径流汇入河流后，流速大大增大，导致峰值流量增大。

由于典型绿地格局的特殊性，且样本量十分有限，不能充分地反映绿地系统格局与其雨洪调蓄能力的关系，所以利用 GSPO_SRS 模型生成大量随机绿地系统格局样本，借助随机样本研究绿地系统格局与其雨洪调蓄能力的关系，结果更具有普遍意义。

4.3 随机城市绿地系统格局雨洪调蓄能力分析

4.3.1 随机城市绿地系统格局生成

利用 GSPO_SRS 模型的随机绿地格局生成模块，设置绿地率为 30%，栅格数为 10×10，生成了 1000 种随机绿地格局（图 4.7），作为研究绿地系统格局与雨洪调蓄能力关系的样本。本书借助 Fragstats 3.3 软件，选取景观格局指数分析绿地系统空间特征；运用 GSPO_SRS 模型，模拟水文过程，计算流域和流域出口处的径流量、峰值流量、平均汇流时间；选择回归模型分析绿地系统格局与雨洪调蓄能力的关系，并研究不同变量对二者关系的影响。

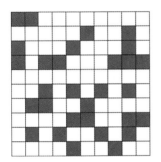 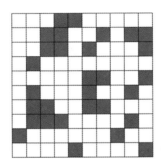 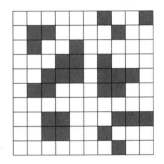

图 4.7　随机绿地格局示例

4.3.2 随机城市绿地系统格局与雨洪调蓄能力关系

1. 随机城市绿地系统格局空间特征分析

利用 Fragstats 3.3 软件，选取了绿地和建设用地的斑块密度、丛生度、聚集度、相似邻近比例、斑块结合度、连接度、景观分割度、景观分离度、蔓延度等指标，分析了 1000 种随机绿地系统格局的空间特征。根据各指标的含义，将这些指标分为聚散性指标和连通性指标两大类，见表 4.7。

表 4.7　指标及其含义

指标类型	指标	指标含义
聚散性指标	斑块密度	斑块密度是一个有限但基本反映景观格局的指标。采用四邻域或八邻域规则将影响结果。单位：每100公顷斑块的数量。范围：斑块密度＞0
	丛生度	丛生度是相对于随机分布状态来说的，指某种斑块类型相似节点比重对随机状态的偏离程度
	聚集度	聚集度是由类型水平的邻接矩阵计算所得的。景观水平上，这一指数是类型水平聚集度面积加权的均值，每一类型由其在景观中所占面积加权。这一指数用来衡量任意给定景观成分中相邻的最大可能数量。单位：%。范围：0 ≤ 聚集度 ≤ 100
	相似邻近比例	相似邻近比例是通过节点矩阵计算得来的，节点矩阵能够反映景观图上不同斑块类型相邻出现的概率。相似邻近比例是对特定斑块类型聚集程度的测度。若斑块类型最大限度地分散，则该指数最小，反之亦然
连通性指标	斑块结合度	斑块结合度用来测量相应斑块类型的物理连接度。斑块结合度对重点类的聚集敏感，当这类斑块分布成群或更加聚集时，斑块结合度将增大，但对斑块组态不敏感。单位：%。范围：0 ≤ 斑块结合度＜100
	连接度	连接度指景观空间结构单元之间的连续程度，表示景观中同类景观要素斑块在生态功能与生态过程上相互连续的程度或潜力
	景观分割度	景观分割度是基于斑块分布面积的累积，它表示两个随机选择的像素不是位于相应的斑块类型里的同一块斑块的概率。单位：比例。范围：0 ≤ 景观分割度＜1。当整个景观只由一个斑块组成时，景观分割度＝0；当该类景观只包含一个面积相当于一个栅格的斑块时，景观分割度＝1。当该斑块类型在景观中的面积比重和斑块尺寸出现下降时，景观分割度就接近1
	景观分离度	景观分离度可以用来表示有效网格的数量，或者说当该斑块类型细分为 S 个斑块时，特定斑块大小下的斑块数目
	蔓延度	蔓延度与边缘密度成反比，边缘密度越低，蔓延度就越高，反之亦然。蔓延度还受到斑块类型分散和分布情况的影响，斑块类型分散水平和分布水平越低，蔓延度值就越高，反之亦然。单位：%。范围：0＜蔓延度 ≤ 100

资料来源：参考 Fragstats 3.3 使用手册。

借助 SPSS 21 对 1000 种随机绿地系统格局的景观格局指数进行了分析，结果如表 4.8 和图 4.8 所示。

表 4.8　景观格局指数描述

景观格局指数	用地类型	极小值	极大值	均值	标准差	方差
斑块密度	绿地	22.222	166.667	86.989	21.755	473.282
	建设用地	11.111	44.444	13.211	4.785	22.897
丛生度	绿地	−0.592	0.300	0.003	0.124	0.015
	建设用地	−0.220	0.377	0.043	0.086	0.007
聚集度	绿地	12.245	51.020	32.055	5.750	33.066
	建设用地	63.415	81.301	71.295	2.584	6.676
相似邻近比例	绿地	10.000	41.667	26.178	4.696	22.053
	建设用地	55.714	71.429	62.638	2.270	5.153
斑块结合度	绿地	37.058	88.208	66.609	8.341	69.570
	建设用地	94.487	97.831	97.683	0.379	0.143
连接度	绿地	0.000	100.000	17.014	8.206	67.346
景观分割度	绿地	0.921	0.992	0.974	0.011	0.000
	建设用地	0.510	0.649	0.514	0.013	0.000
景观分离度	绿地	12.723	128.205	45.972	17.609	310.079
	建设用地	2.041	2.851	2.061	0.063	0.004
蔓延度	建设用地	10.740	14.832	12.071	0.521	0.271

①聚散性指标。由于建设用地比例高，连片存在，所以其斑块数量少、密度低，而绿地斑块数多，故其密度也相对较高 [图 4.8（a）]。丛生度指标反映了研究对象内各斑块类型空间分布的随机性，指标值越接近于 0，表示研究的景观格局随机性越强；指标值越接近于 −1，表示研究的斑块类型越分散；指标值越接近于 1，表示关注的斑块类型越集中。从图 4.8（b）可以看出，绿地和建设用地斑块的丛生度值为 −0.2 ～ 0.3，中位数和均值都接近于 0，且有一半数量的绿地系统丛生度值在 −0.05 ～ 0.05，因此，也验证了这 1000 种绿地系统格局具有随机性。图 4.8（c）反映了绿地斑块和建设用地斑块的聚集度和相似邻近比例，由于设定的绿地率为 30%，所以建设用地具有更大的面积，其分布更加集中，且不同格局聚集度差异较小，

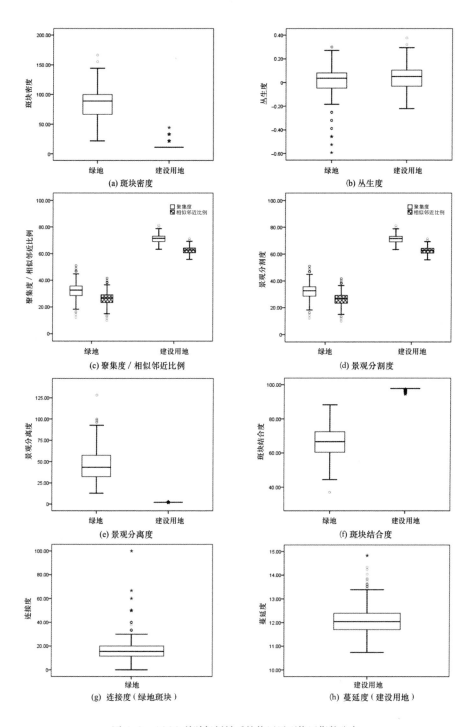

图 4.8　1000 种随机绿地系统格局景观格局指数分布

而绿地斑块面积较小，其分布更加分散，且不同格局之间的聚集度差异较大。相似邻近比例与聚集度具有相似的规律。

②连通性指标。景观分割度和分离度反映了景观格局的破碎化，从图4.8（d）和（e）容易看出，绿地斑块破碎化程度高，且样本之间差异较大，而建设用地斑块连通性强，且样本之间差异很小。斑块结合度、连接度和蔓延度都反映了斑块之间的连通性，图4.8（f）（g）（h）均显示，相对于城市建设用地，绿地斑块之间的连通性较差，且样本之间的差异较大。

2. 随机城市绿地系统雨洪调蓄能力分析

利用 GSPO_SRS 模型，模拟分析了 1000 种随机绿地系统的降雨径流过程，在模型默认值条件下计算了流域汇流累积量、流域出口径流量、流域出口峰值流量、最长汇流时间和平均汇流时间，研究了模型模拟结果的分布规律，如表4.9和图4.9所示。随机样本之间的流域汇流累积量值差别较大，分布范围约为均值（38109.020 m^3）的 $-12.8\% \sim 13.4\%$，而流域出口径流量值差距较小，分布范围约为均值（5245.073 m^3）的 $-11.8\% \sim 10.0\%$，随机样本的平均径流系数为 0.55，最大径流系数为 0.60，最小径流系数为 0.48。流域出口峰值流量值差异显著，分布范围为均值（0.834 m^3/s）的 $-45.1\% \sim 52.2\%$。最长汇流时间约为平均汇流时间的 2 倍，且二者数值的分布均比较分散。

表4.9 雨洪调蓄能力指标描述

雨洪调蓄能力指标	极小值	极大值	均值	标准差	方差
流域汇流累积量 /m^3	33249.829	43213.596	38109.020	1534.880	2355856.679
流域出口径流量 /m^3	4623.707	5773.115	5245.073	178.012	31688.097
流域出口峰值流量 /(m^3/s)	0.458	1.269	0.834	0.136	0.019
最长汇流时间 / h	0.564	2.024	1.136	0.251	0.063
平均汇流时间 / h	0.276	1.267	0.622	0.192	0.037

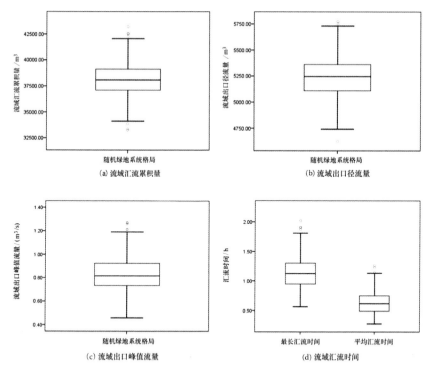

图4.9　1000种随机绿地系统格局雨洪调蓄能力指标分布

3. 随机城市绿地系统格局对其雨洪调蓄能力的影响

1）相关性分析

本书采用皮尔逊双侧相关性分析，对1000种随机绿地系统格局的格局表征指标（斑块密度、丛生度、聚集度、相似邻近比例、景观分割度、景观分离度、斑块结合度、连接度、蔓延度）和雨洪调蓄能力表征指标（流域汇流累积量、流域出口径流量、流域出口峰值流量、最长汇流时间、平均汇流时间）进行相关性分析，研究绿地系统格局对其雨洪调蓄能力的影响，二者相关性分析结果如表4.10所示。

表 4.10　绿地系统格局与雨洪调蓄能力相关性分析

指标分类	指标	用地类型	流域汇流累积量（Q_a）	流域出口径流量（Q_o）	流域出口峰值流量（Q_p）	最长汇流时间（T_c）	平均汇流时间（T_a）
聚散性指标	斑块密度	绿地	0.076*	0.161**	0.095**	− 0.095**	− 0.042
		建设用地	− 0.026	0.020	− 0.001	− 0.005	− 0.010
	丛生度	绿地	− 0.147**	− 0.213**	− 0.064*	0.047	0.018
		建设用地	0.235**	0.310**	− 0.013	0.015	0.016
	聚集度	绿地	− 0.145**	− 0.218**	− 0.067*	0.045	0.012
		建设用地	0.235**	0.310**	− 0.013	0.015	0.016
	相似邻近比例	绿地	− 0.145**	− 0.218**	− 0.067*	0.045	0.012
		建设用地	0.235**	0.310**	− 0.013	0.015	0.016
连通性指标	景观分割度	绿地	0.088**	0.228**	0.114**	− 0.107**	− 0.055
		建设用地	− 0.039	− 0.004	0.012	− 0.010	− 0.010
	景观分离度	绿地	0.071*	0.191**	0.093**	− 0.088**	− 0.022
		建设用地	− 0.038	− 0.006	0.013	− 0.011	− 0.013
	斑块结合度	绿地	− 0.077*	− 0.196**	− 0.100**	0.096**	0.035
		建设用地	0.034	− 0.009	− 0.006	0.006	0.007
	连接度	绿地	− 0.138**	− 0.222**	− 0.084**	0.080*	0.031
	蔓延度	建设用地	0.408**	0.553**	0.061	− 0.044	− 0.020

** 在 0.01 水平（双侧）上显著相关。
* 在 0.05 水平（双侧）上显著相关。

（1）聚散性指标

结合表 4.10 和图 4.10 可以发现，总体而言，集水区内绿地斑块越聚集，其雨洪调蓄能力越强，但各指标与雨洪调蓄能力的相关性普遍较小。绿地的丛生度、聚集度和相似邻近比例指标对雨洪调蓄能力的影响具有很强的一致性，指标之间高度相关。聚散性指标对流域出口径流量影响最大，对流域汇流累积量影响次之，对流域出口峰值流量影响较小，对汇流时间无显著影响。集水区内绿地斑块越聚集，流域出口径流量、流域汇流累积量、流域出口峰值流量越小，而建设用地聚集性指标对雨洪调蓄能力的影响则相反。建设用地的聚集性指标主要对流域出口径流量和流域汇流累积量产生正向影响，对流域出口峰值流量和汇流时间均无显著影响。由于绿地斑块总面积和集水区面积一定，所以绿地斑块密度越高，绿地越分散，流域出口径流量越大。绿地斑块密度与流域出口峰值流量、流域汇流累积量也有正相关性，但相关系数都很小。

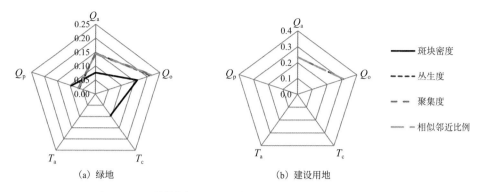

图 4.10　聚散性指标与绿地系统雨洪调蓄能力指标的相关性大小

（2）连通性指标

图 4.11 反映了连通性指标与绿地系统雨洪调蓄能力相关性的强弱，结合表 4.10 可以看出，相对于建设用地蔓延度而言，绿地斑块连通性与雨洪调蓄能力的相关性较小。绿地景观分割度、绿地景观分离度与流域出口径流量、流域汇流累积量、流域出口峰值流量、汇流时间的相关性大小，与绿地斑块结合度、绿地斑块连接度类似，但方向相反。绿地景观分割度、绿地景观分离度越大，绿地斑块越破碎，连通性也越差，流域出口径流量、流域汇流累积量、流域出口峰值流量越大。相反，绿地斑块结合度、绿地斑块连接度越高，流域出口径流量、流域汇流累积量、流域出口峰值流量越小，因此，提高绿地系统的连通性能可以有效提高其雨洪调蓄能力。建设用地蔓延度指标反映了研究区内优势斑块的连通性，这里主要反映建设用地连通性，不难看出，建设用地蔓延度与流域出口径流量和流域汇流累积量有很强的正相关性。

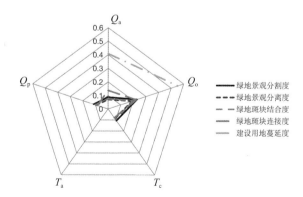

图 4.11　连通性指标与绿地系统雨洪调蓄能力指标的相关性大小

通过对聚散性指标、连通性指标与绿地系统雨洪调蓄能力相关关系的分析可以发现，绿地斑块越聚集，其雨洪调蓄能力越强，建设用地斑块越聚集，雨洪调蓄能力越弱；绿地斑块连通性越高，其雨洪调蓄能力越强，建设用地蔓延度越高，雨洪调蓄能力越弱。聚散性指标和连通性指标对流域出口径流量影响较大，对流域汇流累积量影响次之，对流域出口峰值流量和最长汇流时间影响较小，而对流域平均汇流时间均无显著影响。与聚散性指标相比，连通性指标与绿地系统雨洪调蓄能力相关性更强，但总体都较小。聚散性、连通性指标内部分指标之间高度相关，对雨洪调蓄能力的影响具有很强的一致性。

（3）多元线性回归模型

借助多元线性回归模型，选择逐步进入的方法去除变量共线性，拟合聚散性指标、连通性指标与绿地系统雨洪调蓄能力之间的关系，三者指标回归分析结果如表 4.11 所示。

表 4.11 聚散性指标、连通性指标与绿地系统雨洪调蓄能力指标回归分析

因变量	回归模型	拟合度（R^2）
流域汇流累积量	$Q_a=21784.224 + 288.56 \times CONTAG\_C - 18.12 \times PD\_G$ $+ 365.586 \times AI\_C - 159.933 \times AI\_G - 34.964 \times SPLIT\_G$ $- 73.752 \times COHESION\_G$	0.255
流域出口径流量	$Q_o=3197.209 + 61.973 \times AI\_C - 28.266 \times AI\_G - 3.457 \times PD\_G$ $- 4.9 \times SPLIT\_G - 13.787 \times COHESION\_G - 1.177 \times CONNECT\_G$	0.456
流域出口峰值流量	$Q_p=1.356 \times DIVSION\_G - 0.488$	0.013
最长汇流时间	$T_c= - 2.358 \times DIVSION\_G + 3.434$	0.011

注：Q_a 为流域汇流累积量，Q_o 为流域出口径流量，Q_p 为流域出口峰值流量，T_c 为最长汇流时间，CONTAG_C 为建设用地蔓延度，PD_G 为绿地斑块密度，AI_C 为建设用地聚集度，AI_G 为绿地聚集度，SPLIT_G 为绿地景观分离度，COHESION_G 为绿地斑块结合度，CONNECT_G 为绿地斑块连接度，DIVISION_G 为绿地景观分割度。

观测拟合方程可以发现，流域汇流累积量主要受建设用地蔓延度、聚集度，绿地斑块密度、聚集度、景观分离度和斑块结合度影响，建设用地聚散性对流域汇流累积量影响较大，对绿地聚集度和连通性影响较小。流域出口峰值流量主要受建设用地聚集度、绿地聚集度、斑块密度、景观分离度、斑块结合度和连接度影响，建设用地越聚集，绿地越分散、连通性越差，流域出口径流量越小。流域出口峰值流量和最长汇流时间主要受绿地景观分割度影响，绿地景观分割度越高，流域出口峰值流量越大、最长汇流时间越短。从线性回归模型的拟合效果来看，四个模型拟合

度都不高，由于相关变量太少，平均汇流时间无法进行拟合。回归模型拟合效果较差，可能的原因有：与雨洪调蓄能力指标相关的景观格局指数相关性较小，不能很好地解释因变量；景观格局指数之间存在很大的相关性，进行逐步多元线性回归拟合时，由于共线性而被剔除。景观格局指数主要从生态学的角度分析空间特征，并未考虑水文过程，鉴于回归拟合效果不理想，考虑构建基于水文过程的绿地系统格局指标。

2）构建基于水文过程的绿地系统格局指标

基于水文过程，以产汇流理论为依据，构建了源头、汇流和缓冲区三类指标。三类指标的含义及计算方法如下。

（1）源头指标

源头指标基于源头控制理论，评价流域上游雨洪就地滞蓄能力。源头指标通过统计位于流域上游的绿地栅格数来表征，具体又分为两个分指标：源头指标1，计算流域上游距汇流起点2个栅格距离范围内的绿地栅格数量；源头指标2，计算流域上游距汇流起点4个栅格距离范围内的绿地栅格数量。

（2）汇流指标

汇流指标基于汇流过程控制理论，评价绿地系统对洪峰的延时效应。汇流指标通过计算主汇流路径上的绿地栅格数来表征。

（3）缓冲区指标

缓冲区指标基于末端治理理论，评价流域下游出流量。缓冲区指标以汇流路径为中心构建缓冲区，通过计算缓冲区内绿地栅格数来表征，具体又分为两个分指标：缓冲区指标1，以汇流路径为中心，计算沿汇流路径两侧各1个栅格距离内的绿地栅格数量；缓冲区指标2，以汇流路径为中心，计算沿汇流路径两侧各2个栅格距离内的绿地栅格数量。

利用 GSPO_SRS 模型计算 1000 种随机绿地系统格局的源头指标、汇流指标和缓冲区指标，其分布情况如图4.12所示。对基于水文过程构建的格局指标与绿地系统雨洪调蓄能力指标进行皮尔逊双侧相关性分析，结果如表4.12所示。结合图4.13可以发现，基于水文过程构建的格局指标与雨洪调蓄能力指标之间相关性较强。流域汇流累积量与源头指标具有较强的相关性，且源头指标2比源头指标1的相关性更强，流域汇流累积量与汇流指标和缓冲区指标无显著关系。流域上游源头地区绿

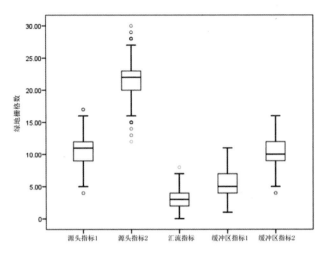

图4.12 基于水文过程的绿地系统格局指标分布分析

地面积越大，流域汇流累积量越小，因此对流域汇流累积量优化的过程实际上也是流域源头控制的过程。流域出口径流量与各水文格局变量均显著相关，汇流路径上、缓冲区内绿地面积越大，流域出口径流量越小，相反，流域源头绿地面积越大，流域出口径流量越大，主要原因是源头控制和末端治理之间存在对有限的绿地资源的争夺关系。流域出口峰值流量与汇流指标呈现显著相关性，主要原因是汇流路径上绿地面积越大，汇流时间就越长，峰值流量就越小。在流域出口峰值流量指标上，源头指标和缓冲区指标同样表现出竞争关系。最长汇流时间和平均汇流时间与水文格局指标的相关关系类似，都是汇流指标越大，汇流时间越长，而源头指标和缓冲区指标都与汇流时间呈显著负相关。总体而言，与景观格局指数相比，基于水文过程的绿地系统格局指标对雨洪调蓄能力指标的解释能力更强。

表4.12 基于水文过程的格局指标与绿地系统雨洪调蓄能力指标相关性分析

基于水文过程构建的格局指标	流域汇流累积量	流域出口径流量	流域出口峰值流量	最长汇流时间	平均汇流时间
源头指标 1	− 0.258**	0.338**	0.101**	− 0.151**	− 0.091**
源头指标 2	− 0.583**	0.072*	0.098**	− 0.245**	− 0.102**
汇流指标	− 0.029	− 0.310**	− 0.857**	0.790**	0.884**
缓冲区指标 1	0.042	− 0.159**	0.148**	− 0.136**	− 0.154**
缓冲区指标 2	0.002	− 0.265**	0.207**	− 0.182**	− 0.228**

** 在 0.01 水平（双侧）上显著相关。

* 在 0.05 水平（双侧）上显著相关。

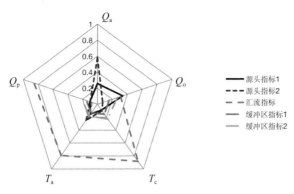

图4.13　基于水文过程构建的格局指标与雨洪调蓄能力指标的相关性大小

3）回归模型

基于水文过程构建的格局指标与雨洪调蓄能力指标相关性较强，因此采用新构建的格局指标，结合景观格局指数，对绿地系统格局与其雨洪调蓄能力的关系进行拟合，其指标回归分析结果如表4.13所示。与单独只用景观格局指数拟合的效果相比，增加基于水文过程的格局指标后，模型拟合效果得到了很大提升，格局指标对雨洪调蓄能力指标的解释力更强（图4.14）。

流域汇流累积量主要受源头指标，建设用地蔓延度、聚集度，绿地聚集度、斑块密度等指标影响。流域上游源头地区绿地面积越大，流域汇流累积量越小，且源头指标对流域汇流累积量影响最大，建设用地蔓延度和聚集度越高，流域汇流累积量越大。汇流路径上的绿地对流域汇流累积量的削减有正向作用。绿地聚集度指标、斑块密度和景观分离度指标都与流域汇流累积量呈负相关，这主要与降雨量有关，下一节将详细阐述。缓冲区指标对流域汇流累积量的影响也不一致，大范围的缓冲区内绿地能减小流域汇流累积量，而小范围的缓冲区内绿地越多，越会增大流域汇流累积量。

流域出口径流量主要受建设用地蔓延度、聚集度，绿地汇流指标、缓冲区指标、源头指标等影响。汇流路径和缓冲区内的绿地都起到了很好的截留效果，削减了流域的出流量，而由于绿地资源有限，源头绿地越多，汇流路径和缓冲区内的绿地越少，因此，源头绿地与流域出口径流量呈正相关。

汇流指标对流域出口峰值流量的影响最大，汇流路径上的绿地能有效削减流域出口的峰值流量，而绿地越分离、连通性越差，流域出口峰值流量越高。由于对绿地资源的竞争关系，源头指标和缓冲区指标都与流域出口峰值流量存在正相关关系。

最长汇流时间和平均汇流时间的拟合模型表现出了高度的一致性，汇流指标越大，汇流时间越长，源头指标和缓冲区指标越大、建设用地越聚集，汇流时间越短。

总体而言，增加基于水文过程的格局指标，大大改善了绿地系统格局与雨洪调蓄能力关系的拟合，起到了很好的效果。源头绿地越多，流域汇流累积量越小，而流域出口径流量和峰值流量越大；汇流路径上绿地对流域汇流累积量、流域出口径流量和峰值流量均有削减作用；缓冲区内绿地能有效削减流域出口径流量，对流域汇流累积量和流域出口峰值流量有正向增大的影响，但影响能力较小。建设用地对流域汇流累积量、出口径流量、峰值流量都有相似的影响。建设用地蔓延度越高、越集中，流域汇流累积量、出口径流量、峰值流量越大。

由于水文过程的复杂性，绿地系统格局与雨洪调蓄能力的关系并不是一成不变的，它还会受到降雨、地形、土壤、绿地形式等变量的影响，所以，研究这些变量对绿地系统格局与雨洪调蓄能力关系的影响就显得非常有必要了。

表 4.13　基于水文过程构建的格局指标、景观格局指数与绿地系统格局雨洪调蓄能力指标回归分析

因变量	回归模型	拟合度(R^2)
流域汇流累积量	Q_a=30213.159 − 274.158×SOURCE2 + 211.856×CONTAG_C − 159.071×SOURCE1 + 430.309×AI_C − 191.977×AI_G − 25.168×PD_G − 100.699×FLOWPATH − 37.212×SPLIT_G − 105.222×COHESION_G − 65.93×BUFFER2 + 61.456×BUFFER1	0.646
流域出口径流量	Q_o=3262.294 + 37.918×CONTAG_C − 50.799×FLOWPATH − 20.96× BUFFER2 + 52.634×AI_C − 22.617×AI_G − 2.677×PD_G + 5.857×SOURCE1 − 4.695×SPLIT_G − 11.236×COHESION_G	0.628
流域出口峰值流量	Q_p=0.837 − 0.086×FLOWPATH + 0.0005×SPLIT_G + 0.003×SOURCE2 + 0.012×CONTAG_C + 0.003×BUFFER1	0.748
最长汇流时间	T_c=0.938 + 0.162×FLOWPATH + 0.002×COHESION_G − 0.006× SOURCE2 − 0.005×BUFFER2 − 0.003×AI_C	0.794
平均汇流时间	T_a=0.859 + 0.111×FLOWPATH − 0.015×SOURCE2 − 0.005× BUFFER1 − 0.003×AI_C	0.674

注：Q_a 为流域汇流累积量，Q_o 为流域出口径流量，Q_p 为流域出口峰值流量，T_c 为最长汇流时间，SOURCE1 为源头指标 1，SOURCE2 为源头指标 2，FLOWPATH 为汇流指标，BUFFER1 为缓冲区指标 1，BUFFER2 为缓冲区指标 2，CONTAG_C 为建设用地蔓延度，AI_C 为建设用地聚集度，AI_G 为绿地聚集度，PD_G 为绿地斑块密度，SPLIT_G 为绿地景观分离度，COHESION_G 为绿地斑块结合度。

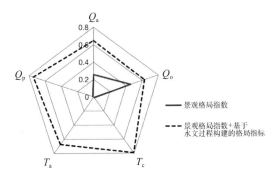

图 4.14　"景观格局指数"和"景观格局指数 + 基于水文过程构建的格局指标"
对雨洪调蓄能力指标的拟合效果比较

4.3.3　不同变量对绿地系统格局与雨洪调蓄能力关系的影响

通过构建基于水文过程的绿地格局变量，提高了绿地系统格局与雨洪调蓄能力关系的拟合效果。本节将基于绿地系统格局与雨洪调蓄能力的相关性，探讨绿地系统格局与雨洪调蓄能力关系对降雨、地形、土壤、绿地形式变量的响应。

1. 降雨

1）降雨量

（1）不同重现期降雨条件下绿地系统雨洪调蓄能力变化

利用 GSPO_SRS 模型，选取一年一遇、两年一遇、五年一遇（默认值）、十年一遇和五十年一遇的降雨量，对 1000 种随机绿地系统格局进行模拟，计算雨洪调蓄能力指标，结果如表 4.14 和图 4.15 所示。比较不同重现期降雨量对应的绿地系统雨洪调蓄能力指标可以发现，随着降雨量的增大，流域汇流累积量、流域出口径流量、流域出口峰值流量也急剧增大。流域汇流累积量和流域出口径流量在遇到超过十年一遇的降雨量之后，增长速率超过了降雨的增长速率。流域出口峰值流量在遇到小于两年一遇的降雨量时，随着降雨量的增大，其增长速率变慢，表现出较好的削峰效果；降雨量超过十年一遇之后，峰值流量急剧增大，这表明绿地系统对强降雨的调蓄能力较差。汇流时间的变化刚好相反，在降雨量小于五年一遇时，最长汇流时间和平均汇流时间的缩短速率均较快；当降雨量大于五年一遇时，汇流时间缩短速率变慢。

表 4.14 不同重现期降雨量的雨洪调蓄能力指标均值

平均值	$Q_{\mathrm{a}}/\mathrm{m}^3$	$Q_{\mathrm{o}}/\mathrm{m}^3$	$Q_{\mathrm{p}}/(\mathrm{m}^3/\mathrm{s})$	$T_{\mathrm{c}}/\mathrm{h}$	$T_{\mathrm{a}}/\mathrm{h}$	α
一年一遇	11533.42	1513.856	0.160256	1.793444	0.98109	0.393926
两年一遇	20912.51	2826.211	0.349276	1.429608	0.782056	0.467297
五年一遇	38109.02	5245.073	0.833653	1.136138	0.621515	0.547731
十年一遇	53428.78	7402.915	1.179237	0.999425	0.546728	0.598215
五十年一遇	91916.62	12840.29	2.667611	0.806026	0.440931	0.674881

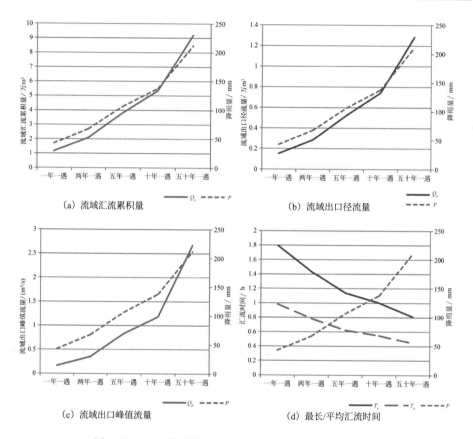

图 4.15 不同重现期降雨量对绿地系统雨洪调蓄能力的影响

　　为了进一步研究不同重现期降雨量对绿地系统雨洪调蓄能力的影响，利用径流系数计算公式，计算了不同降雨强度条件下集水区径流系数。集水区径流系数反映了集水区的产流情况，从图 4.16 可以看出，对于 1000 种随机绿地系统格局，随着降雨量的增大，集水区径流系数快速增大，从一年一遇的 0.39 到五十年一遇的 0.67，约增加了 70%，这也意味着，绿地系统对小降雨强度降雨有着较好的调蓄能力，而

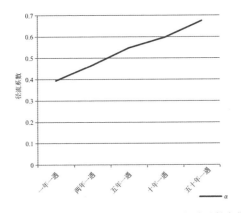

图 4.16　不同重现期降雨量对应的集水区径流系数变化

对于强降雨，其调蓄能力将减弱。

（2）不同重现期降雨条件下对绿地系统格局与其雨洪调蓄能力关系

选取典型格局指标，分析不同重现期降雨条件下绿地系统格局与其雨洪调蓄能力相关关系的变化，阐述降雨强度变量对二者关系的影响。

①景观格局指数。

Ⅰ　流域汇流累积量。

如上所述，在模型默认条件下，总体而言，绿地系统聚集度越高、连通性越好，其雨洪调蓄能力越强，但这一规律在不同重现期降雨条件下会有所变化。图 4.17（a）反映了不同重现期降雨条件下绿地系统景观格局指数与流域汇流累积量相关关系的变化。不难看出，随着降雨强度的增大，斑块密度与流域汇流累积量的相关关系减弱，且在五十年一遇的降雨条件下变成负向关系。随着降雨强度的增大，绿地聚集度与流域汇流累积量的相关关系也减弱，在五十年一遇降雨条件下无相关关系。这表明在降雨量较小时（如小于十年一遇降雨量），绿地越集中，系统调蓄能力越强；而在强降雨条件下（如大于五十年一遇降雨量），绿地越分散，系统调蓄能力越强。绿地景观分割度、斑块结合度、连接度都反映了绿地系统的连通性，三个指标与流域汇流累积量相关关系在不同重现期降雨强度下的变化表现出一致的规律，随着降雨量的增大，绿地系统连通性对流域汇流累积量的影响变小，当降雨量超过十年一遇时，绿地越破碎，流域汇流累积量反而越小。因此，在降雨强度较小时（小于十年一遇水平），绿地越集中，流域汇流累积量越小，随着降雨强度的增大，相关关系变弱，在降雨强度较大时（大于十年一遇水平），绿地越分散，流域汇流累积量越小，且随着降雨强度的增大，相关关系变强。

Ⅱ 流域出口径流量。

从图4.17（b）可以看出，随着降雨强度的增大，斑块密度与流域出口径流量相关关系增强，即绿地系统越分散，流域出口径流量越大。斑块聚集度与流域出口径流量呈显著负相关，且对降雨强度变化并不敏感。随着降雨强度的增大，景观分割度、斑块结合度指标与流域出口总径流量的相关性增大，而连接度指标对降雨强度的变化并不敏感。这表明随着降雨强度的增大，绿地越分散、连通性越差，流域出口径流量越大。

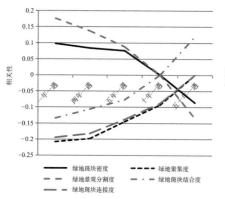 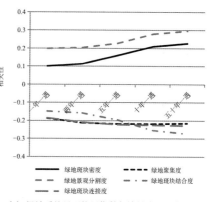

（a）绿地系统景观格局指数与流域汇流累积量相关关系　　（b）绿地系统景观格局指数与流域出口径流量相关关系

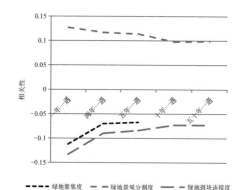

（c）绿地系统景观格局指数与流域出口峰值流量相关关系

图4.17　在不同重现期降雨条件下绿地系统景观格局指数与雨洪调蓄能力指标相关关系

Ⅲ 流域出口峰值流量。

随着降雨强度的增大，绿地聚集度、绿地景观分割度和绿地斑块连接度对流域出口峰值的影响都将减弱，这也印证了绿地系统在降雨强度较小时有更好的削峰效果，在十年一遇和五十年一遇降雨水平上，绿地聚集度对流域出口峰值流量无显著影响 [见图 4.17（c）]。

流域汇流时间与绿地景观指数的相关关系基本不受降雨量大小的影响。

②基于水文过程的格局指标。

Ⅰ 流域汇流累积量。

基于水文过程的格局指标与流域汇流累积量的相关性对降雨量变化较敏感，图 4.18（a）显示，随着降雨量的增大，源头指标 2 与流域汇流累积量的相关性急剧增强，这表明源头控制对于强降雨条件下的径流量削减有很好的效果。当降雨量小于五年一遇时，汇流指标和缓冲区指标 2 与流域汇流累积量呈负相关，随着降雨强度的增大，其相关性减弱；当降雨量大于五年一遇时，汇流指标和缓冲区指标 2 与流域汇流累积量表现出正相关，且随着降雨强度的增大，相关性有增强的趋势。这表明降雨量较小时，汇流路径和缓冲区内的绿地能有效削减流域汇流累积量，而降雨量较大时，其削减效果不及等面积源头绿地的削减效果。

Ⅱ 流域出口径流量。

源头指标 2 与流域出口径流量呈正相关，缓冲区指标 2 与流域出口径流量呈负相关，且相关性大小对降雨强度变化不敏感。汇流路径上的绿地对流域出口径流量有着较强的削减作用，但随着降雨量的增大，其削减作用越来越小 [见图 4.18（b）]。

Ⅲ 流域出口峰值流量。

源头指标 2 和缓冲区指标 2 与流域出口峰值流量呈显著正相关，随着降雨量的增大，源头指标 2 与流域出口峰值流量相关性减小，而缓冲区指标 2 与流域出口峰值流量相关性增大。汇流指标与流域出口峰值流量存在很强的负相关性，且随着降雨量的增大，其相关性更强 [见图 4.18（c）]，因此，利用绿地系统对流域汇流过程进行控制是削减流域出口峰值流量的有效手段。

汇流时间与基于水文过程的格局指标之间的相关关系在不同重现期降雨条件下基本无变化。

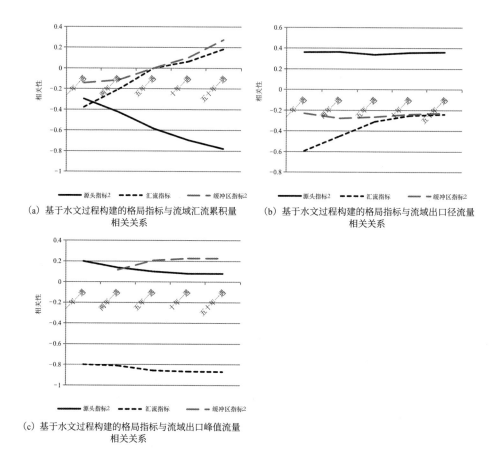

（a）基于水文过程构建的格局指标与流域汇流累积量
相关关系

（b）基于水文过程构建的格局指标与流域出口径流量
相关关系

（c）基于水文过程构建的格局指标与流域出口峰值流量
相关关系

图4.18 在不同重现期降雨条件下基于水文过程构建的格局指标与雨洪调蓄能力指标相关关系

2）雨型

本书选取了SCS模型提供的四种典型雨型（见图4.2，其强弱顺序为：Ⅱ＞Ⅲ＞Ⅰ＞ⅠA）研究不同降雨分布情形下绿地系统格局与其调蓄能力相关关系。利用GSPO_SRS模型，模拟了不同雨型条件下集水区的降雨径流过程，结果显示，雨型对流域出口峰值流量有较大影响，对其他雨洪调蓄能力指标无明显影响。图4.19显示，雨型对流域出口峰值流量影响较大，雨型Ⅱ的平均峰值流量是雨型ⅠA的3倍，而我国大部分地区属于大陆季风气候，降雨分布主要为雨型Ⅱ，其分布特征为短历时强降雨，因此，该雨型对应的高峰值流量导致了我国城市内涝频发、水灾严重。

图4.20（a）表明，绿地斑块越聚集，流域出口峰值流量越小，降雨分布越集中，

相关性越小。绿地之间连通性越强，流域出口峰值流量越小，随着降雨分布的集中，相关关系变弱，在雨型ⅠA条件下，绿地系统具有更强的雨洪调蓄能力。从图4.20(b)可以看出，基于水文过程构建的格局指标对雨型Ⅱ、Ⅲ、Ⅰ均不敏感，相关系数几乎不变，对于降雨较平缓的雨型ⅠA，源头指标1与流域出口峰值流量相关关系略强，而汇流指标和缓冲区指标2与流域出口峰值流量相关关系略弱。

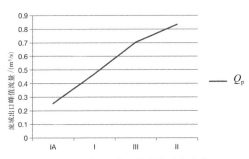

图4.19　雨型对流域出口峰值流量的影响

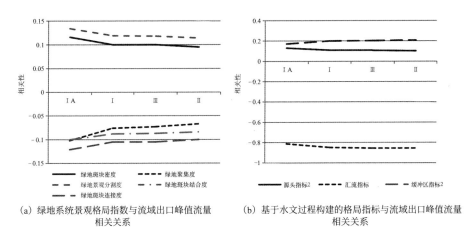

(a) 绿地系统景观格局指数与流域出口峰值流量　　　(b) 基于水文过程构建的格局指标与流域出口峰值流量
　　　相关关系　　　　　　　　　　　　　　　　　　　　　相关关系

图4.20　在不同雨型条件下绿地系统格局与其雨洪调蓄能力相关关系

2. 地形

通过比较不同坡度绿地系统格局与其雨洪调蓄能力相关关系，探讨地形对二者关系的影响，不同坡度的地形见图4.4。利用GSPO_SRS模型，模拟不同坡度条件下的降雨径流过程，模拟结果如图4.21所示。最长汇流时间和平均汇流时间随集水区坡度的增大而减小，流域出口峰值流量受坡度影响较大，坡度越陡，流域出口峰值流量就越大。

坡度影响了流域最长 / 平均汇流时间的大小，但没有改变格局指标与雨洪调蓄能力之间的相关性大小。绿地系统格局指标与流域出口峰值流量的相关关系受坡度影响，随着坡度的增大，绿地系统聚集度与流域出口径流量之间的相关关系有所增强，但增加的幅度均很小，如图 4.21（a）所示，增幅约为 0.03。坡度对基于水文过程构建的格局指标与流域出口峰值流量相关关系的影响也有类似规律 [图 4.21（b）]。

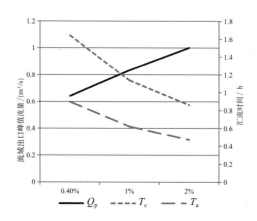

图 4.21　坡度对绿地系统雨洪调蓄能力的影响

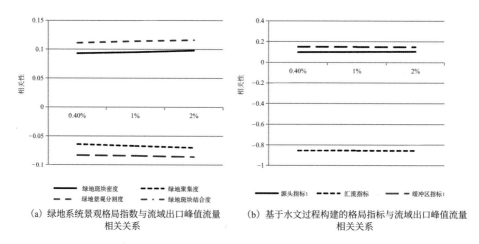

（a）绿地系统景观格局指数与流域出口峰值流量　　　（b）基于水文过程构建的格局指标与流域出口峰值流量
　　　　相关关系　　　　　　　　　　　　　　　　　　　　　　相关关系

图 4.22　不同坡度条件下绿地系统格局与其雨洪调蓄能力相关关系的影响

3. 土壤

不同土壤类型，具有不同的渗透率（见表4.2），本书选择了A、B、C、D四种土壤类型，比较不同土壤类型对绿地系统格局与其雨洪调蓄能力相关关系的影响。图4.23显示，与土壤类型A相比，土壤类型B、C、D的下渗能力持续减弱，流域汇流累积量、流域出口径流量和峰值流量都有上升的趋势，流域汇流累积量和流域出口径流量随土壤下渗能力的减弱表现出了一致性，即土壤类型由A到C，流域汇流累积量和流域出口径流量持续增加，而土壤类型由C到D，流域汇流累积量和径流量增速减小［图4.23（a）和（b）］。土壤类型B比A的流域出口峰值流量高7%，而土壤类型B、C、D三者之间差距较小。

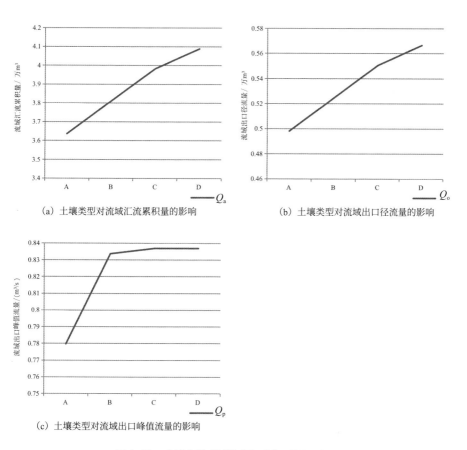

（a）土壤类型对流域汇流累积量的影响

（b）土壤类型对流域出口径流量的影响

（c）土壤类型对流域出口峰值流量的影响

图4.23　土壤类型对绿地系统雨洪调蓄能力的影响

1）景观格局指数

图 4.24 反映了不同土壤类型下绿地系统景观格局指数与其雨洪调蓄能力指标相关关系的变化，随着土壤下渗能力的减弱，绿地系统景观格局指数与流域汇流累积量和流域出口径流量之间的相关性变化趋势刚好相反 [见图 4.24（a）和（b）]。随着土壤下渗能力的减弱，绿地聚集度、绿地景观分割度和绿地斑块连接度与流域出口径流量相关性减小，而与流域出口径流量相关关系增强。这表明集水区内绿地分布越聚集、连通性越强，流域汇流累积量和出口径流量越小；随着土壤下渗能力的减弱，绿地聚集度对流域汇流累积量的影响减弱，而对流域出口径流量的影响增强。土壤类型对流域出口峰值流量的影响与对流域汇流累积量的影响基本一致 [见图 4.24（c）]，值得注意的是，土壤类型 B、C、D 对绿地系统景观格局指数与雨洪调蓄能

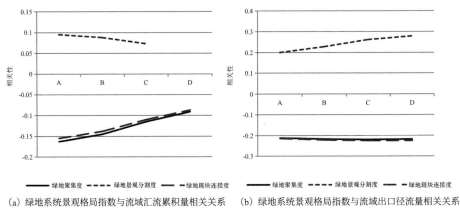

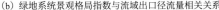

（a）绿地系统景观格局指数与流域汇流累积量相关关系　　（b）绿地系统景观格局指数与流域出口径流量相关关系

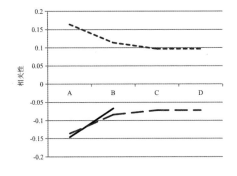

（c）绿地系统景观格局指数与流域出口峰值流量相关关系

图 4.24　不同土壤类型下绿地系统景观格局指数与其雨洪调蓄能力指标相关关系

力指标的相关关系影响不大。

2）基于水文过程构建的格局指标

随着土壤下渗能力的减弱，基于水文过程构建的指标与雨洪调蓄能力指标之间的相关性表现出不同的变化趋势。源头指标 1 与流域汇流累积量相关性较强，且随着土壤下渗能力的减弱，相关关系明显增强。汇流指标在土壤下渗能力较强时（土壤类型 A），与流域汇流累积量呈负相关；在土壤下渗能力较弱时（土壤类型 D），与流域汇流累积量呈正相关；在土壤为中等下渗能力时（土壤类型 B 和 C），与流域汇流累积量不呈正相关或呈负相关。缓冲区指标 1 在土壤下渗能力较强时（土壤类型 A 和 B），与流域汇流累积量不呈正相关或呈负相关，而随着土壤下渗能力的进一步下降，其与流域汇流累积量呈正相关，且有上升的趋势 [见图 4.25（a）]。

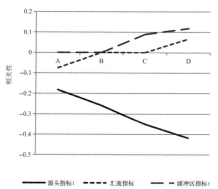

（a）基于水文过程的格局指标与流域汇流累积量相关关系

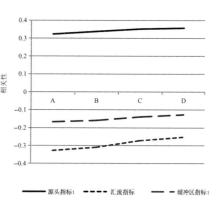

（b）基于水文过程的格局指标与流域出口径流量相关关系

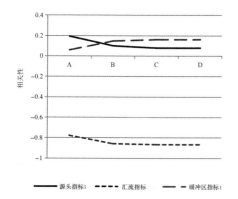

（c）基于水文过程的格局指标与流域出口峰值流量相关关系

图 4.25　不同土壤类型下基于水文过程的格局指标与雨洪调蓄能力指标相关关系

源头指标 1 与流域出口径流量呈正相关，随着土壤下渗能力的减弱，二者相关性略微增大；随着土壤下渗能力的减弱，汇流指标和缓冲区指标 1 与流域出口径流量相关性都逐渐减弱 [图 4.25 （b）]。

源头指标 1 和缓冲区指标 1 都与流域出口峰值流量呈正相关，随着土壤下渗能力的减弱，源头指标 1 对流域出口峰值流量的影响变小，而缓冲区指标 1 变化趋势正好相反。汇流指标与流域出口峰值流量呈显著负相关，且随着土壤下渗能力的减弱，相关性变强 [图 4.25 （c）]。

4. 绿地形式

大量研究表明下凹式绿地能有效调节流域内的产汇流过程。本书借助 GSPO_SRS 模型，比较了无下凹绿地、下凹 5 cm 绿地、下凹 10 cm 绿地和下凹 15 cm 绿地的雨洪调蓄效果，以及绿地形式对绿地系统景观格局与雨洪调蓄能力相关关系的影响。绿地形式对雨洪调蓄能力的影响如图 4.26 所示，从图中可以看出，流域汇流累积量、流域出口径流量和峰值流量都表现出相同的趋势，即随着绿地下凹深度的增加，

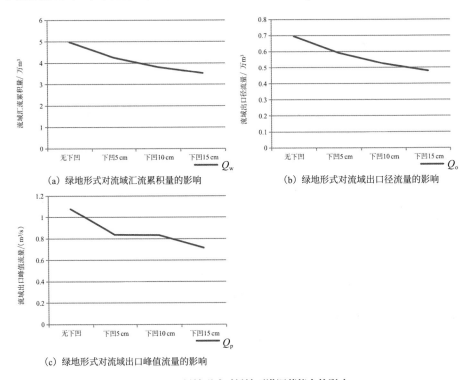

(a) 绿地形式对流域汇流累积量的影响

(b) 绿地形式对流域出口径流量的影响

(c) 绿地形式对流域出口峰值流量的影响

图 4.26　绿地形式对绿地雨洪调蓄能力的影响

绿地系统雨洪调蓄能力增强，流域汇流累积量、流域出口径流量和峰值都有减小的趋势，且随着下凹深度的增大，下凹绿地的调节效率变低。与下凹5 cm绿地相比，下凹10 cm绿地对流域出口峰值流量并没有进一步削减，其主要原因是流域出口峰值流量计算模型采用的是一系列的离散拟合方程，绿地下凹5 cm和10 cm的产流量位于峰值流量计算模型的同一个梯度上。

1）景观格局指数

绿地无下凹时，绿地斑块聚集度越高、连通性越强，流域汇流累积量越大；绿地下凹0～10 cm时这种相关关系逐渐减弱，且出现负向变化；绿地下凹深度超过10 cm时，绿地斑块越聚集、连通性越强，流域汇流累积量越小，随着下凹深度的增大，相关性会越来越强[见图4.27（a）]。绿地无下凹时，其聚散性和连通性与流域出口径流量无显著相关关系，主要是因为，三年一遇降雨条件下，绿地已经开始

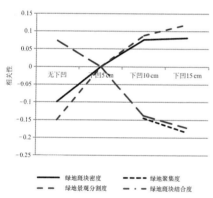

（a）绿地系统景观格局指数与流域汇流累积量相关关系　　（b）绿地系统景观格局指数与流域出口径流量相关关系

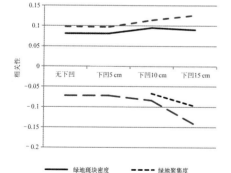

（c）绿地系统景观格局指数与流域出口峰值流量相关关系

图4.27　不同绿地形式下绿地系统景观格局指数与其雨洪调蓄能力指标相关关系

产流，无下凹的绿地的调蓄能力已经充分发挥，并不能由合理的空间布局来进一步增强绿地系统的雨洪调蓄能力，此时，绿地斑块的聚散性和连通性对控制流域出口径流量无明显影响。随着绿地下凹深度的增大，绿地聚集度与流域出口径流量的相关关系都有减弱的趋势[见图 4.27（b）]。绿地聚集度与流域出口洪峰流量呈正相关，在绿地下凹 0～10 cm 时，其相关关系无明显变化，而当绿地下凹深度超过 10 cm 时，其相关性有增强的趋势[见图 4.27（c）]。

2）基于水文过程的格局指标

图 4.28（a）显示，绿地无下凹时，源头指标 1 对流域汇流累积量影响较大，随着绿地下凹深度的增大，二者相关性显著减弱。汇流指标和缓冲区指标 2 与流域汇流累积量之间的相关关系比较一致，绿地下凹 0～5 cm 时，汇流指标和缓冲区指标 2 越高，流域汇流累积量越大，且相关性随着绿地下凹深度的增大而减小。绿地下凹深度超过 10 cm 时，汇流指标和缓冲区指标 2 都与流域汇流累积量呈负相关。与

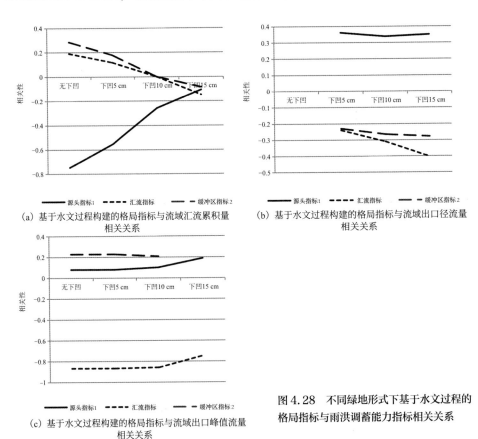

（a）基于水文过程构建的格局指标与流域汇流累积量相关关系

（b）基于水文过程构建的格局指标与流域出口径流量相关关系

（c）基于水文过程构建的格局指标与流域出口峰值流量相关关系

图 4.28　不同绿地形式下基于水文过程的格局指标与雨洪调蓄能力指标相关关系

景观格局指标相似，由图 4.28（b）可知，在绿地无下凹时，基于水文过程的格局指标与流域出口径流量无显著相关关系；绿地下凹深度超过 5 cm 时，源头指标 1 越高，流域出口径流量越大，绿地下凹深度变化对二者相关性无明显影响。汇流指标和缓冲区指标 2 都与流域出口径流量呈负相关，随着绿地下凹深度的增大，其相关性增强，且汇流指标与流域出口径流量相关系数增速更快。图 4.28（c）显示，源头指标 1 和缓冲区指标 2 与流域出口峰值呈正相关，在绿地下凹 0 ～ 10 cm 时，二者相关关系变化均不大；在绿地下凹 15 cm 时，源头指标 1 与流域出口峰值无显著关系，而缓冲区指标 2 与流域出口峰值相关关系增强。汇流指标与流域出口峰值呈显著负相关，且在绿地下凹 0 ～ 10 cm 时，二者相关关系变化不大；绿地下凹 15 cm 时，二者相关关系减弱。

本章构建了基于栅格的集水区概念模型，用于分析绿地系统格局与雨洪调蓄能力的关系，具有一般性和普遍意义。模型初始化部分对模型环境变量（如降雨、地形、土壤等）的设置进行了详细阐述。结合第二章对典型绿地格局的综述，设计了六种典型绿地格局，研究了典型绿地系统格局与其雨洪调蓄能力的关系，结果表明：绿地聚集度与流域出口径流量呈显著的正相关，绿地斑块连接度与流域出口峰值流量不呈显著负相关，未发现绿地系统景观格局指数与流域汇流累积量之间的关系。

利用 GSPO_SRS 模型随机生成了 1000 种 30% 绿地率的绿地系统格局样本，采用景观格局指数表征随机绿地系统的空间特征，再运用 GSPO_SRS 模型，模拟了默认环境下 1000 种随机绿地格局的雨洪调蓄能力，对随机绿地系统格局景观指数和雨洪调蓄能力指标进行了皮尔逊双侧相关性分析，结果显示：①绿地斑块越聚集、连通性越高，其雨洪调蓄能力越强，建设用地斑块越聚集、蔓延度越高，绿地系统雨洪调蓄能力越弱；②聚散性指标和连通性指标对流域出口径流量影响较大，对流域汇流累积量影响次之，对流域出口峰值流量和最长汇流时间影响较小，而对流域平均汇流时间均无显著影响；③与聚散性指标相比，连通性指标与绿地系统雨洪调蓄能力的相关性更强，但总体都较小。

采用景观格局指数指标与绿地系统雨洪调蓄能力指标进行了线性回归拟合，但拟合效果并不理想，因此，构建了基于水文过程的格局指标，包括源头指标、汇流指标和缓冲区指标。在模型默认环境下，对新建指标与绿地系统雨洪调蓄能力指标进行了相关性分析，结果表明：①流域汇流累积量与源头指标具有较强的相关性，流域汇流累积量与汇流指标和缓冲区指标无显著关系；②流域出口径流量与汇流指标和缓冲区指标呈显著负相关，而与源头指标呈正相关，主要原因是源头控制和末端治理之间存在对有限绿地资源的争夺关系；③流域出口峰值流量与汇流指标呈显著负相关，而与源头指标和缓冲区指标呈正相关，主要原因也是源头指标和缓冲区指标对有限绿地资源的竞争关系；④最长汇流时间和平均汇流时间与基于水文过程的绿地系统格局指标的相关关系类似，都与汇流指标呈显著正相关，而与源头指标和缓冲区指标呈显著负相关。总体而言，与景观格局指数指标相比，基于水文过程的绿地系统格局指标对雨洪调蓄能力指标的解释能力更强。

采用新构建的格局指标，结合景观格局指数，对绿地系统格局与其雨洪调蓄能力的关系进行拟合，拟合的结果是两者关系得到了大幅度改善。拟合的回归模型显示：①源头绿地越多，流域汇流累积量越小，而流域出口径流量和峰值流量越大；②汇流路径上绿地对流域汇流累积量、流域出口径流量和峰值流量均有削减作用；③缓冲区内绿地能有效削减流域出口径流量，对流域汇流累积量和流域出口峰值流量有正向增大的影响，但影响能力较小；④建设用地对流域汇流累积量、流域出口径流量、流域出口峰值流量都有相似的影响，建设用地蔓延度越高、越集中，流域汇流累积量、流域出口径流量、流域出口峰值流量越大。

下文将基于绿地系统格局与雨洪调蓄能力的相关性，探讨绿地系统格局与雨洪调蓄能力关系对降雨、地形、土壤、绿地形式变量的响应。

·降雨。①绿地系统对小降雨强度降雨有着较好的调蓄能力和削峰效果，而对于强降雨，其调蓄能力将减弱。②在降雨量较小（小于十年一遇降雨量）时，绿地越集中，流域汇流累积量越小；而在强降雨（大于五十年一遇降雨量）条件下，绿地越分散，流域汇流累积量越小。随着降雨量的增大，源头指标2与流域汇流累积量的相关性急剧增强，表明源头控制对于强降雨条件下的径流量削减有很好的效果。③随着降雨强度的增大，绿地越分散、连通性越差，流域出口径流量越大。源头指标与流域出口径流量呈正相关，缓冲区指标与流域出口径流量呈负相关，且相关性大小对降雨强度变化不敏感。汇流路径上的绿地对流域出口径流量有较强的削减作用，但随着降雨量的增大，其削减作用越来越小。④汇流指标与流域出口峰值流量存在很强的负相关性，且随着降雨量的增大，其相关性更强，因此，利用绿地系统对流域汇流过程进行控制是削减流域出口峰值流量的有效手段。⑤降雨分布越集中，绿地聚集度和连通性对流域出口峰值流量影响越小，在雨型ⅠA条件下，绿地系统具有更强的雨洪调蓄能力。基于水文过程构建的格局指标对雨型Ⅱ、Ⅲ、Ⅰ均不敏感。

·地形。①流域出口峰值流量受坡度影响较大，坡度越陡，流域出口峰值流量越大。②绿地系统格局指标与流域出口峰值流量的相关关系受坡度的影响较小，随着坡度的增大，绿地系统聚集度、连通性与流域出口径流量之间的相关性有所增强。③坡度对基于水文过程的格局指标与流域出口峰值流量之间相关性的影响也有类似规律。

·土壤。①集水区内绿地越聚集越强，流域汇流累积量和出口径流量越小，随着土壤下渗能力的减弱，绿地聚集度对流域汇流累积量的影响减弱，而对流域出口径流量的影响增强。②土壤类型对流域出口峰值流量的影响与对流域汇流累积量的影响基本一致。③随着土壤下渗能力的减弱，基于水文过程构建的指标与雨洪调蓄能力指标之间的相关性表现出不同的变化趋势。

·绿地形式。①随着绿地下凹深度的增大，其雨洪调蓄能力增强，流域汇流累积量、流域出口径流量和峰值流量都有减小的趋势，且随着下凹深度的增大，下凹绿地的调节效率变低。②绿地无下凹时，绿地斑块聚集度越高、连通性越强，流域汇流累积量越大；绿地下凹0～10 cm时，这种相关关系逐渐减弱，且出现负向变化；绿地下凹深度超过10 cm时，绿地斑块越聚集、连通性越强，流域汇流累积量越小，随着下凹深度的增大，相关性越来越强。③随着绿地下凹深度的增大，绿地斑块聚集度与流域出口径流量的相关关系都有减弱的趋势。绿地斑块聚集度与流域出口洪峰流量呈正相关，在绿地下凹0～10 cm时，其相关关系无明显变化；绿地下凹深度超过10 cm后，其相关性有增大的趋势。④绿地无下凹时，源头指标1对流域汇流累积量影响较大，随着绿地下凹深度的增大，二者相关性显著减弱。汇流指标与流域出口峰值流量呈显著负相关，且在绿地下凹0～10 cm时，二者相关关系变化不大；绿地下凹15 cm时，二者相关关系减弱。

5

基于 GSPO_SRS 模型的城市绿地系统格局优化

本章对基于雨洪调蓄能力的绿地系统格局优化模型 GSPO_SRS 进行了介绍，在默认环境下，分别对流域汇流累积量最小化、流域出口径流量最小化、流域出口峰值流量最小化、最长汇流时间最大化、平均汇流时间最大化的绿地系统最优格局进行了求解。绿地系统最优格局并不唯一，因此，构建了帕累托最优解集，研究了绿地系统最优格局的空间特征，同时，横向比较了不同优化目标对应的绿地系统最优格局的差异性。单目标优化时，并不能实现绿地系统雨洪调蓄综合能力的优化，而传统多目标优化方法又有一定的局限性，因此，通过改进模拟退火算法，实现了 GSPO_SRS 模型的多目标优化功能。对不同目标优化次序的效率进行了研究，以优化效率最高的多目标优化模型为例，分析了最优格局对降雨、地形、土壤等变量的敏感性，基于绿地系统自身调蓄能力和外界压力，提出了绿地系统相对雨洪调蓄能力的概念，用以阐述绿地系统最优格局的空间分布规律。

5.1　最优格局求解

5.1.1　GSPO_SRS 模型

GSPO_SRS 模型是基于雨洪调蓄能力最大化的绿地系统格局优化模型，通过将 SCS 流域水文模型和 SA 优化算法耦合，实现了绿地系统雨洪调蓄综合能力最大化的绿地系统格局求解。GSPO_SRS 模型能根据用户不同的需求，提供不同的优化目标，包括：流域汇流累积量最小化、流域出口径流量最小化、流域出口峰值流量最小化、最长汇流时间最大化、平均汇流时间最大化。GSPO_SRS 模型原理在第三章已经进行了详细介绍，这里不再赘述。本节将比较在模型默认环境下，以不同目标进行优化得到的绿地系统最优格局的空间特征和差异性。

在绿地系统最优格局求解过程中发现，绿地系统最优格局并不唯一，有多解现象，因此，借用经济学概念——帕累托最优解，构建基于雨洪调蓄能力最大化的绿地系统格局帕累托最优解集。帕累托最优，最早由意大利经济学家维尔弗雷多·帕累托在研究经济效率和收入分配问题时提出，它是资源分配的一种理想状态。帕累托改进指的是，"假定固有的一群人和可分配的资源，从一种分配状态到另一种状态的变化中，在没有使任何人境况变坏的前提下，至少使一个人变得更好。帕累托最优状态就是不可能再有更多的帕累托改进的余地，帕累托最优是公平与效率的'理想王国'"（Censor，1977；Pardalos et al.，2008）。基于雨洪调蓄能力的绿地系统格局帕累托最优解集是指，在某一绿地系统格局下，通过改变流域内任一绿地斑块的布局，都不能使绿地系统的雨洪调蓄能力得到增强，由这些绿地系统格局组成的集合被称为基于雨洪调蓄能力的绿地系统格局帕累托最优解集（简称帕累托最优解集）。通过对帕累托最优解集的叠合分析，研究绿地系统最优格局的空间概率分布。

5.1.2 帕累托最优解集特征分析

利用 GSPO_SRS 模型，在模型默认环境下，分别求解了以流域汇流累积量、流域出口径流量、流域出口峰值流量、最长汇流时间和平均汇流时间控制为优化目标的帕累托最优解，并对不同目标优化的帕累托最优解集进行了特征分析。

1. 流域汇流累积量

以流域汇流累积量最小化为目标，在模型默认环境下，求解了100种绿地系统格局的最优解，构建了帕累托最优解集，通过叠合分析，其概率分布如图 5.1 所示。

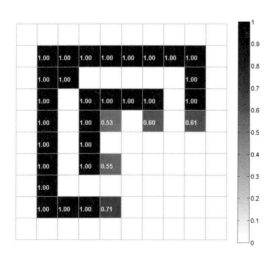

图 5.1　流域汇流累积量最小化的帕累托最优解集概率分布

通过对绿地系统格局的优化，流域汇流累积量从 38110 m³（1000 种随机绿地格局平均值）下降到了 26330 m³，削减率约为 30.9%，绿地系统调蓄效果显著。从图 5.1 可以看出，基于流域汇流累积量控制的绿地系统最优格局具有明显的空间分布特征，绿地斑块主要分布在流域上游的源头地区，斑块之间具有较好的连通性，绿地斑块与建设用地交错布置，充分地发挥了每一块绿地的调蓄功能，这些空间分布特征支持了第四章论述的绿地系统格局指标与流域汇流累积量之间的关系。图 5.2 反映了基于流域汇流累积量优化的绿地最优格局与随机格局之间的空间差异性，可以看出，与随机格局相比，最优格局具有更高的聚集度和连通性，最优格局的源头指标，尤其是源头指标 2 远高于随机格局，而汇流指标和缓冲区指标均位于随机格局中值附近，这也再次证明了源头控制、较高的绿地斑块聚集度和连通性对流域汇流累积量的削减有显著作用。

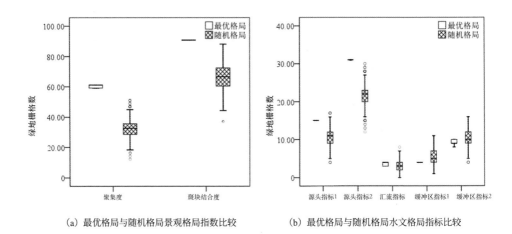

（a）最优格局与随机格局景观格局指数比较　　（b）最优格局与随机格局水文格局指标比较

图5.2　基于流域汇流累积量优化的绿地最优格局与随机格局指标比较

2. 流域出口径流量

以流域出口径流量最小化为目标，在模型默认环境下，求解了 100 种绿地系统格局的最优解，构建了帕累托最优解集，通过叠合分析，其概率分布如图 5.3 所示。

通过对绿地系统格局的优化，流域出口径流量从 0.525 万 m³（1000 种随机绿地格局平均值）下降到了 0.425 万 m³，削减率约为 20.0%，优化后的绿地系统格局对流域出口径流量有较强的调蓄效果。图 5.3 显示，基于流域出口径流量最小化的帕

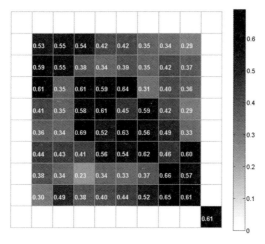

图 5.3 流域出口径流量最小化的帕累托最优解集概率分布

累托最优解集在空间分布上比较分散,没有确定性的格局,总体而言,汇流路径和沿汇流路径的缓冲区内绿地分布较多,这也进一步支持了第四章的结论。从图 5.4 可以看出,基于流域出口径流量最小化的帕累托最优解集内部元素空间差异比较大,总体上,最优格局比随机格局具有更高聚集度和连通性,但差距并不明显。最优格局的源头指标要略小于随机格局的,缓冲区指标要略高于随机格局的,汇流指标与随机格局的差别比较明显。因此,基于流域出口径流量最优化的绿地格局多解性更强,在空间上的分布更加均匀,将其与随机格局比较发现,较高的绿地聚集度、连通性、汇流指标和缓冲区指标,以及较低的源头指标是实现流域出口径流量控制的有效因素。

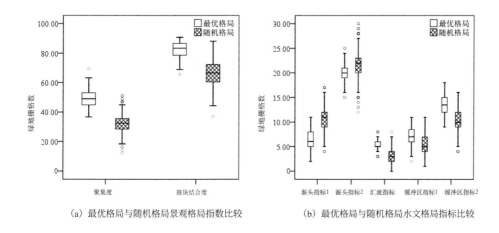

(a) 最优格局与随机格局景观格局指数比较　　(b) 最优格局与随机格局水文格局指标比较

图 5.4　基于流域出口径流量优化的绿地最优格局与随机格局指标比较

3. 流域出口峰值流量

以流域出口峰值流量最小化为目标，在模型默认环境下，求解了 100 种绿地系统格局的最优解，构建了帕累托最优解集，通过叠合分析，其概率分布如图 5.5 所示。

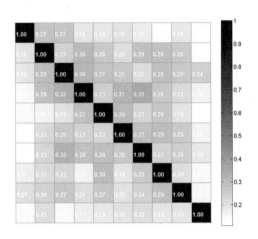

图 5.5　流域出口峰值流量最小化的帕累托最优解集概率分布

通过对绿地系统格局的优化，流域出口峰值流量从 0.834 m³/s（1000 种随机绿地格局平均值）减小到了 0.347 m³，削减率为 58.4%，优化后的绿地系统格局对流域出口峰值流量有非常显著的削峰效果。图 5.5 反映了基于流域出口峰值流量最小化的帕累托最优解集空间分布特征，为了实现流域出口峰值流量最小化，所有的帕累托最优解都表现出绿地沿流域汇流路径分布、绿地之间互相连接的空间特征，而且特征非常显著，其他绿地分布相对均匀，从流域源头到汇流路径，绿地分布概率有微弱增强的趋势。比较最优格局和随机格局的空间特征可以发现，在聚集度、源头指标、缓冲区指标方面二者均无明显差异，但最优格局的绿地连通性明显高于随机格局的，其汇流指标远远高出随机格局的（图 5.6），这表明过程控制是削减流域出口峰值流量的重要手段。

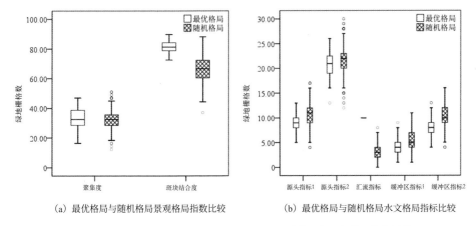

(a) 最优格局与随机格局景观格局指数比较　　　　(b) 最优格局与随机格局水文格局指标比较

图 5.6　基于流域出口峰值流量优化的绿地最优格局与随机格局指标比较

4. 最长汇流时间

以流域最长汇流时间最大化为目标，在模型默认环境下，求解了 100 种绿地系统格局的最优解，构建了帕累托最优解集，通过叠合分析，其概率分布如图 5.7 所示。

通过对绿地系统格局的优化，流域最长汇流时间从 1.136 小时（1000 种随机绿地格局平均值）增加到了 2.454 小时，增加了一倍多，优化后的绿地系统格局对流域汇流过程有很好的延时效果。帕累托最优解集空间分布特征与流域出口峰值流量最优化的解集类似，绿地沿汇流路径分布的特征明显，而在汇流路径外，绿地呈现出更加分散的趋势。与流域出口峰值流量最小化的最优格局类似，最长汇流时间的最优格局汇流指标高、绿地连通性较好，而其他指标与随机格局的无明显差异（图5.8）。

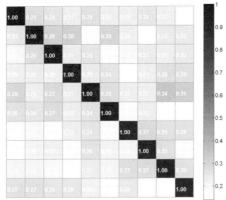

图 5.7　流域最长汇流时间最大化的帕累托最优解集概率分布

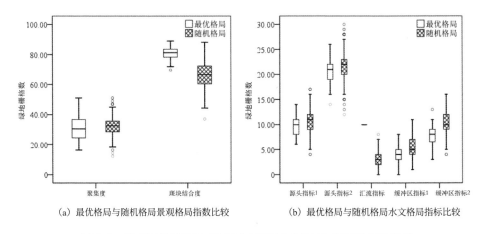

(a) 最优格局与随机格局景观格局指数比较   (b) 最优格局与随机格局水文格局指标比较

图5.8　基于流域最长汇流时间优化的绿地最优格局与随机格局指标比较

5.平均汇流时间

以流域平均汇流时间最大化为目标，在模型默认环境下，求解了100种绿地系统格局的最优解，构建了帕累托最优解集，通过叠合分析，其概率分布如图5.9所示。

通过对绿地系统格局的优化，流域平均汇流时间从0.622小时（1000种随机绿地格局平均值）增加到了1.429小时，增加了约130%，优化后的绿地系统格局对整个流域汇流过程有很好的延时作用。图5.9显示，流域平均汇流时间最大化的帕累托解集分布有很强的确定性，一方面绿地沿汇流路径分布，表现出很强的连通性；另一方面绿地斑块的分布表现出很强的中心聚集性。与随机格局相比，基于流域平均汇流时间优化的绿地系统格局具有很高的聚集性和连通性，缓冲区绿地面积略高于随机格局的，源头绿地面积远低于随机格局的，而汇流路径上的绿地远高于随机格局的平均水平（见图5.10）。因此，增加汇流路径上的绿地量，采用聚集形式、连通性高的绿地能有效增加流域的平均汇流时间。

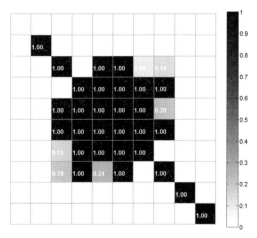

图 5.9　流域平均汇流时间最大化的帕累托最优解集概率分布

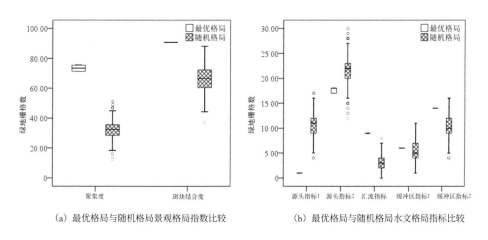

（a）最优格局与随机格局景观格局指数比较　　　　（b）最优格局与随机格局水文格局指标比较

图 5.10　基于流域平均汇流时间优化的绿地最优格局与随机格局指标比较

6. 不同目标优化的最优格局比较

研究分析，针对绿地系统雨洪调蓄能力不同指标的优化，会得到空间分布迥异的帕累托最优解集（图 5.11），无论是绿地的聚散性、连通性，还是水文格局指标，都有很大的差异性。其中，流域汇流累积量、流域平均汇流时间的帕累托最优解集都表现出很强的确定性；流域出口峰值流量和流域最长汇流时间的帕累托最优解集在汇流路径上也有很强的确定性；流域出口径流量的帕累托最优解集确定性最弱，多解性最强。

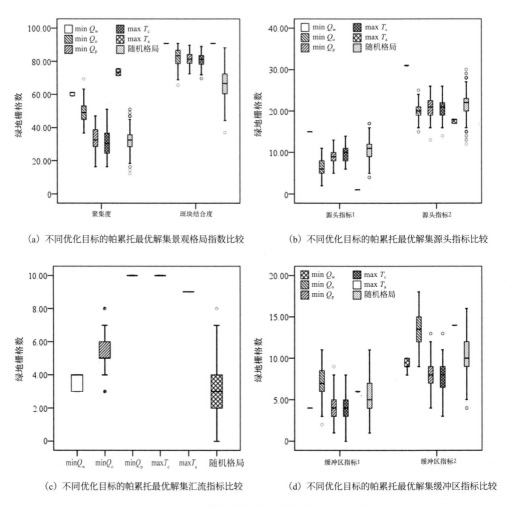

(a) 不同优化目标的帕累托最优解集景观格局指数比较

(b) 不同优化目标的帕累托最优解集源头指标比较

(c) 不同优化目标的帕累托最优解集汇流指标比较

(d) 不同优化目标的帕累托最优解集缓冲区指标比较

图 5.11　不同目标优化的帕累托最优解集空间特征比较

　　比较基于不同雨洪调蓄能力指标的绿地系统格局帕累托最优解发现，以不同目标求解的绿地最优格局都具有较高的连通性，以平均汇流时间最大化和以流域汇流累积量最小化为目标的最优格局具有很强的空间聚集性，削减流域出口径流量的最优格局也具有较高的聚集性。源头指标对流域汇流累积量控制有很强的正向效果，而对流域平均汇流时间的延滞有较强的限制作用。除基于流域汇流累积量控制的最优格局外，其他最优格局汇流指标都比较高，尤其是基于流域出口峰值、最长汇流时间的优化格局汇流指标最高。缓冲区指标对流域出口径流量的削减和流域平均汇流时间的延滞有一定的积极作用。

在进行绿地系统雨洪调蓄能力单目标优化的过程中发现，通过格局优化，绿地系统雨洪调蓄能力得到了极大的提升，但只考虑绿地系统雨洪调蓄的某一个方面，并不能充分发挥其综合调蓄作用，因此，GSPO_SRS 模型仍有一定的局限性，有改进的必要和潜力。

5.2 多目标绿地系统格局优化

前文已经综述了优化模型对多目标问题的求解研究，由于多目标问题的复杂性，求解过程仍有很多制约因素，例如，多目标问题求解常用的方法是给各目标函数赋权重，通过对各目标函数加权求和来实现系统的多目标综合优化，而权重的赋值往往对模型优化效果有很大影响，通常难以判断各目标函数对变量的敏感性强弱，所以权重的确定具有很强的主观性。本书对 SA 算法进行了改进，实现了基于绿地雨洪调蓄综合能力的多目标优化，采用最大化绿地系统调蓄效率的优化次序，避免了权重的取值问题，取得了理想的模拟效果。

5.2.1 模型改进

传统的 SA 算法是基于蒙特卡洛法迭代求解的一种全局概率型搜索算法，算法采用 Metropolis 接受准则，并使用冷却进度表控制算法的进程，最终获得全局的近似最优解，算法计算流程在第三章已经进行了详述，这里不再赘述。通过将单目标优化的进入准则修改为有优先次序的多目标准则，实现了 GSPO_SRS 模型对绿地系统雨洪调蓄能力的综合优化。传统的单目标 SA 算法与改进的多目标 SA 算法计算流程比较如图 5.12 所示。

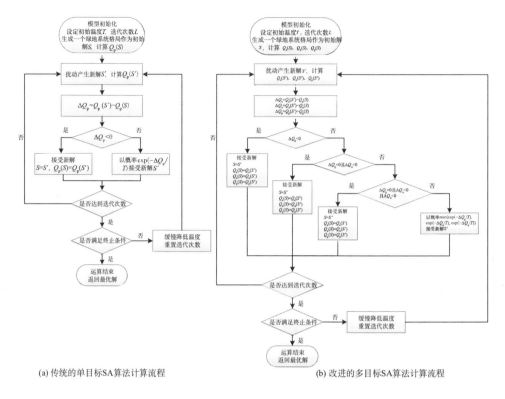

(a) 传统的单目标SA算法计算流程　　　　　　　　(b) 改进的多目标SA算法计算流程

图 5.12　传统的单目标 SA 算法与改进的多目标 SA 算法计算流程比较

5.2.2　优化次序

通过前文研究发现，汇流时间与流域出口峰值流量具有一定的相关性和一致性，这里为了适度简化模型，选择了流域汇流累积量、流域出口径流量和峰值流量三个目标进行优化求解，对这三个目标的六种排序组合，分别进行了优化，通过比较不同优化次序的优化结果，得到了绿地系统雨洪调蓄优化效率最高的优化目标排序方式。利用 GSPO_SRS 模型求解了六种优化组合的帕累托最优解，构建最优解集，计算了各种组合的优化效率，结果如图 5.13 和表 5.1 所示（$Q_a > Q_o$ 表示对流域汇流累积量的优化的优先级别高于对流域出口径流量的优化的）。

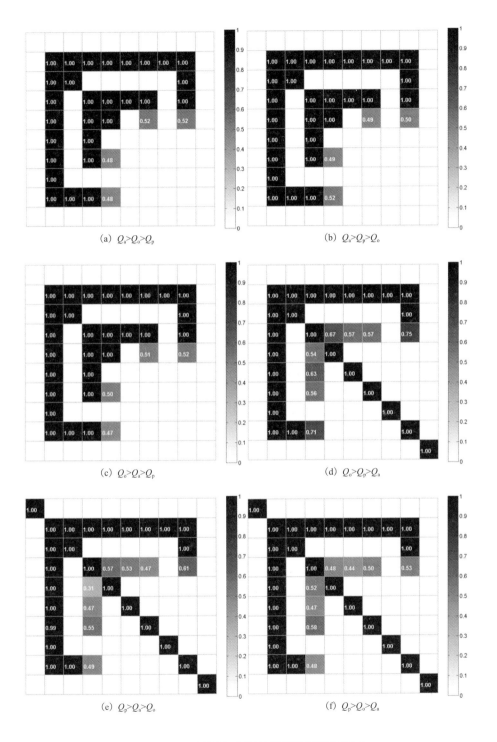

图 5.13 六种优化组合的帕累托最优解集概率分布

表 5.1　六种优化组合的绿地系统雨洪调蓄能力优化效率比较

优化组合	Q_a		Q_o		Q_p		综合优化效率 /（%）
	优化值 / 万 m³	优化效率 /（%）	优化值 / 万 m³	优化效率 /（%）	优化值 /（m³/s）	优化效率 /（%）	
$Q_a>Q_o>Q_p$	2.633	30.9	0.425	19.0	0.613	26.5	25.5
$Q_a>Q_p>Q_o$	2.633	30.9	0.425	19.0	0.613	26.5	25.5
$Q_o>Q_a>Q_p$	2.633	30.9	0.425	19.0	0.613	26.5	25.5
$Q_o>Q_p>Q_a$	2.920	23.4	0.425	19.0	0.373	55.3	32.6
$Q_p>Q_a>Q_o$	2.941	22.8	0.432	17.6	0.347	58.4	32.9
$Q_p>Q_o>Q_a$	2.941	22.8	0.432	17.6	0.347	58.4	32.9

　　从图 5.13 可以看出，$Q_a>Q_o>Q_p$、$Q_a>Q_p>Q_o$、$Q_o>Q_a>Q_p$ 三种优化组合的帕累托最优解集具有相似的空间分布，表现出很强的源头控制格局，与以流域汇流累积量最小化的单目标优化格局类似，而 $Q_o>Q_p>Q_a$、$Q_p>Q_a>Q_o$、$Q_p>Q_o>Q_a$ 三种优化组合的帕累托最优解集也具有相似的空间分布规律，表现出源头控制和过程控制的叠合格局。由于在模型默认环境下，以流域出口总径流最小化为目标的帕累托解集空间分布确定性不强，所以未在六种优化组合的最优格局中有明显体现。通过比较六种优化组合的优化效率发现，前三种组合对流域汇流累积量有较高的优化效率，而后三种组合对流域出口峰值流量优化效果更好。从表 5.1 可以看出，相对于流域汇流累积量指标和流域出口径流量指标，流域出口峰值流量指标最为敏感，在不同组合优化格局之间，优化效率差距最大。取各目标优化效率的平均值得到综合优化效率，比较发现，$Q_p>Q_a>Q_o$ 和 $Q_p>Q_o>Q_a$ 两种优化组合具有最高的雨洪调蓄能力综合优化效率。此外，选择绿地系统最优格局确定性高的目标优先优化、多解性强的目标靠后优化，也利于模型的收敛，提高模型运算效率。

　　与绿地系统格局与其雨洪调蓄能力相关关系相似，基于绿地系统雨洪调蓄能力的最优格局也受降雨、地形、土壤、绿地率、绿地形式等变量的影响，下一节将重点分析绿地系统最优格局对不同变量的敏感性。

5.3 敏感性分析

5.3.1 降雨

1. 降雨量

利用 GSPO_SRS 模型，分别对一年一遇、两年一遇、五年一遇、十年一遇和五十年一遇降雨条件下的绿地系统最优格局进行了求解，比较不同重现期降雨条件下绿地系统最优格局的优化效率和帕累托最优解集的概率分布，借助景观格局指数和基于水文过程的格局指标，分析了不同重现期降雨条件下绿地系统最优格局的空间特征差异。

1）优化效率

绿地系统最优格局的雨洪调蓄优化效率受降雨量影响较大，在一年一遇的降雨条件下，通过优化绿地格局，可以实现集水区的零出流和零峰值流量，优化效率高达 100%，随着降雨量的增大，绿地系统最优格局的雨洪调蓄优化效率有下降的趋势。在五十年一遇降雨条件下，通过绿地系统格局优化其综合优化效率仅为 16.5%，且优化后流域出口径流量略高于随机格局的平均值，不同重现期降雨条件下绿地系统最优格局优化效率比较如表 5.2 所示，主要原因是流域出口径流量被排在第三序位进行优化，在保证峰值流量、流域汇流累积量最小时，流域出口径流量往往不能达到单目标优化时的最优值。总体而言，在小降雨强度条件下，通过绿地系统格局优化其雨洪调蓄效率有大幅度的提升，在强降雨条件下，其雨洪调蓄优化效率比较有限。

表 5.2　不同重现期降雨条件下绿地系统最优格局优化效率比较

重现期	Q_a / 万 m³			Q_o / 万 m³			Q_p / (m³/s)			综合优化效率 / (%)
	优化值	平均值	优化效率 / (%)	优化值	平均值	优化效率 / (%)	优化值	平均值	优化效率 / (%)	
一年一遇	0.446	1.153	61.4	0.000	0.151	99.9	0.000	0.160	99.9	87.1
两年一遇	1.252	2.091	40.1	0.151	0.283	46.6	0.076	0.349	78.3	55.0
五年一遇	2.941	3.811	22.8	0.432	0.525	17.6	0.347	0.834	58.4	33.0
十年一遇	4.592	5.343	14.0	0.675	0.740	8.8	0.652	1.179	44.7	22.5
五十年一遇	8.516	9.192	7.3	1.289	1.284	- 0.4	1.534	2.668	42.5	16.5

2）帕累托最优解集

图 5.14 显示，不同重现期降雨条件下基于雨洪调蓄能力优化的绿地系统格局帕累托最优解集有明显的差异，且呈现出一定的演变规律。不同重现期降雨条件下，最优格局的确定性都比较强，绿地斑块都有很高的连通性，随着降雨量的增大，绿地斑块聚集度下降、分散性增强，绿地斑块有向流域上游移动的趋势。下一节将从格局指标角度对不同重现期降雨条件下绿地系统格局帕累托最优解集空间特征进行分析。

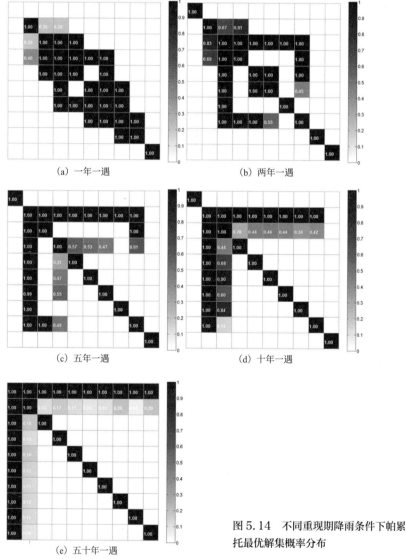

(a) 一年一遇 (b) 两年一遇

(c) 五年一遇 (d) 十年一遇

(e) 五十年一遇

图 5.14 不同重现期降雨条件下帕累托最优解集概率分布

3）格局指标

从图 5.15 可以看出，整体来看，与随机格局相比，优化格局具有更高的聚集度、连通性和汇流指标。不同重现期降雨条件下绿地系统最优格局指标具有显著的差异性，一年一遇降雨条件下的绿地系统最优格局具有最高的聚集度、缓冲区指标和最低的源头指标和汇流指标；当降雨量增大时，绿地斑块的集聚度、缓冲区指标都有下降趋势，源头指标和汇流指标有上升的趋势。通过比较发现，小降雨强度时，雨洪调蓄能力的优化以控制流域出口径流量为主；强降雨时，绿地系统格局的优化更加注重源头控制和过程控制。

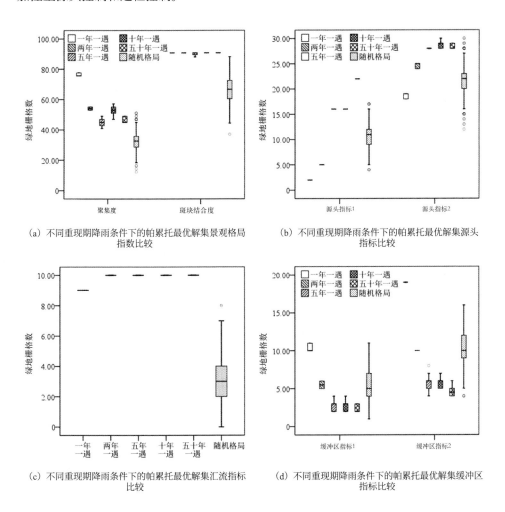

（a）不同重现期降雨条件下的帕累托最优解集景观格局指数比较

（b）不同重现期降雨条件下的帕累托最优解集源头指标比较

（c）不同重现期降雨条件下的帕累托最优解集汇流指标比较

（d）不同重现期降雨条件下的帕累托最优解集缓冲区指标比较

图 5.15　不同重现期降雨条件下帕累托最优解集空间特征比较

2. 雨型

利用 GSPO_SRS 模型，分别对四种典型雨型条件下的绿地系统最优格局进行了求解，比较不同雨型下绿地系统最优格局的优化效率和帕累托最优解集的概率分布，借助景观格局指数和基于水文过程的格局指标分析了不同雨型条件下，绿地系统最优格局的空间特征差异。

1）优化效率

通过比较不同雨型对绿地系统最优格局雨洪调蓄能力的影响发现，不同雨型条件下，最优格局对流域汇流累积量和流域出口径流量的优化效率不变，均在20%左右。不同雨型条件下，最优格局对流域出口峰值流量都有很好的削减效果，且随着降雨时段的集中，削峰效果有增强的趋势（表5.3）。

表5.3　不同雨型条件下绿地系统最优格局优化效率比较

| 雨型 | Q_a / 万 m³ | | | Q_o / 万 m³ | | | Q_p / (m³/s) | | | 综合优化效率 / （%） |
	优化值	平均值	优化效率 / （%）	优化值	平均值	优化效率 / （%）	优化值	平均值	优化效率 / （%）	
ⅠA	2.941	3.811	22.8	0.432	0.525	17.6	0.129	0.254	49.1	29.9
Ⅰ	2.941	3.811	22.8	0.432	0.525	17.6	0.208	0.471	55.8	32.1
Ⅲ	2.941	3.811	22.8	0.432	0.525	17.6	0.322	0.704	54.3	31.6
Ⅱ	2.941	3.811	22.8	0.432	0.525	17.6	0.347	0.834	58.4	33.0

2）帕累托最优解集

比较不同雨型条件下绿地系统格局帕累托最优解集的概率分布可以发现，四种雨型条件下，帕累托最优解集概率分布基本相同（图5.16），因此，基于雨洪调蓄能力最大化的绿地系统最优格局对雨型变化不敏感，本节也不再比较不同雨型条件下绿地系统最优格局指标的差异。

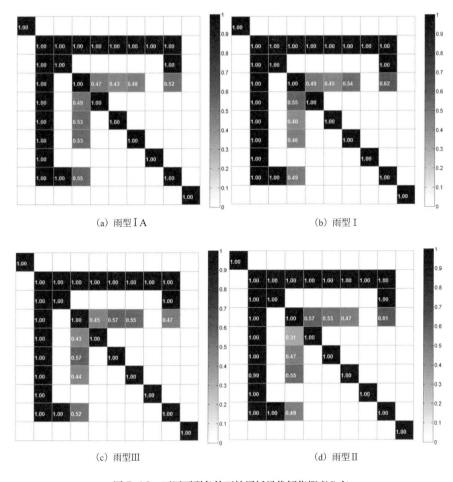

(a) 雨型ⅠA

(b) 雨型Ⅰ

(c) 雨型Ⅲ

(d) 雨型Ⅱ

图 5.16　不同雨型条件下帕累托最优解集概率分布

5.3.2　地形

1. 汇流方式

利用 GSPO_SRS 模型，模拟求解了两种汇流方向不同的绿地系统最优格局，比较不同汇流方式对绿地系统最优格局优化效率和帕累托最优解集概率分布的影响，借助景观格局指数和基于水文过程的格局指标，分析了不同汇流方向引起的绿地系统最优格局的空间特征差异。

1）优化效率

与基于汇流方式 2 相比，基于汇流方式 1 的绿地系统最优格局具有更好的雨洪调蓄效果，其在流域汇流累积量、流域出口径流量和峰值流量方面的削减能力均强于前者，尤其在流域出口径流量的调蓄控制上，优化效果更加明显（见表5.4）。

表5.4　不同汇流方式下绿地系统最优格局优化效率比较

汇流方式	Q_a / 万 m³			Q_o / 万 m³			Q_p / (m³/s)			综合优化效率 / （%）
	优化值	平均值	优化效率 / （%）	优化值	平均值	优化效率 / （%）	优化值	平均值	优化效率 / （%）	
1	2.941	3.811	22.8	0.432	0.525	17.6	0.347	0.834	58.4	33.0
2	2.909	3.611	19.4	0.432	0.486	11.2	0.347	0.744	53.4	28.0

2）帕累托最优解集

由于汇流方向不同，基于雨洪调蓄能力的绿地系统格局的帕累托最优解集概率分布存在一定的差异性。图5.17显示，两种汇流方式下绿地系统格局都沿汇流路径和流域上游源头集中布置，且有较高的连通性，但由于次汇流方向的不同，在源头绿地的布局上有一定的差异。由于不同汇流方式的帕累托最优解集概率分布差异较小，所以不再对二者的格局指数进行比较分析。

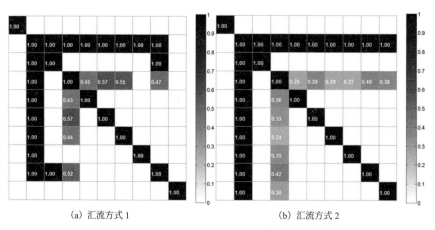

(a) 汇流方式1　　　　　　　　　　(b) 汇流方式2

图5.17　不同汇流方式下帕累托最优解集概率分布

2. 坡度

本书设计了五种坡度用于研究绿地系统最优格局对坡度的敏感性，0.4%、1%、2%坡度地形是对集水区整体坡度进行了等比例变化，而梯级坡度设计了次汇流方向的两级梯度，混合坡度地形沿主汇流路径一侧为单级坡度，一侧为两级坡度（图4.4）。利用 GSPO_SRS 模型，比较了五种坡度地形情景下，绿地系统最优格局的优化效率和帕累托最优解集概率分布特征，借助景观格局指数和基于水文过程的格局指标分析了不同坡度对绿地系统最优格局空间分布的影响。

1）优化效率

从表5.5可以看出，不同坡度条件下绿地系统最优格局都对流域出口峰值流量有较好的调蓄效果，最优格局的流域汇流累积量和流域出口径流量的优化效率对坡度变量不敏感。随着集水区坡度的增大，最优格局对流域出口峰值流量的削减效果有变弱的趋势，综合优化效率也有类似的变化。梯级坡度和混合坡度的优化效率介于1%和2%坡度地形之间。

表5.5 不同坡度条件下绿地系统最优格局优化效率比较

坡度	Q_a / 万 m³			Q_o / 万 m³			Q_p / (m³/s)			综合优化效率 / （%）
	优化值	平均值	优化效率 / （%）	优化值	平均值	优化效率 / （%）	优化值	平均值	优化效率 / （%）	
0.4%	2.941	3.811	22.8	0.432	0.525	17.6	0.258	0.641	59.8	33.4
1%	2.941	3.811	22.8	0.432	0.525	17.6	0.347	0.834	58.4	33.0
2%	2.941	3.811	22.8	0.432	0.525	17.6	0.432	1.001	56.9	32.4
梯级	2.941	3.817	23.0	0.432	0.525	17.7	0.347	0.839	58.6	33.1
混合	2.941	3.818	23.0	0.432	0.525	17.8	0.347	0.853	59.4	33.4

2）帕累托最优解集

图5.18反映了不同坡度条件下，基于绿地系统雨洪调蓄能力优化的绿地系统格局帕累托最优解集。0.4%、1%和2%坡度［图5.18（a）（b）（c）］的绿地系统最优格局基本相同，表明集水区整体坡度的等比例变化并不会改变绿地系统的最优格局。梯级坡度［图5.18（d）］和混合坡度［图5.18（e）］改变了集水区内的局部地形，其最优格局也与其他地形的绿地系统最优格局分布有明显差别。与0.4%、1%和2%坡度的绿地最优格局分布比较发现，在地形发生变化的区域，绿地斑块出现了分割的现象，梯级坡度和混合坡度在地形变化的区域有相似的绿地系统分布特征。

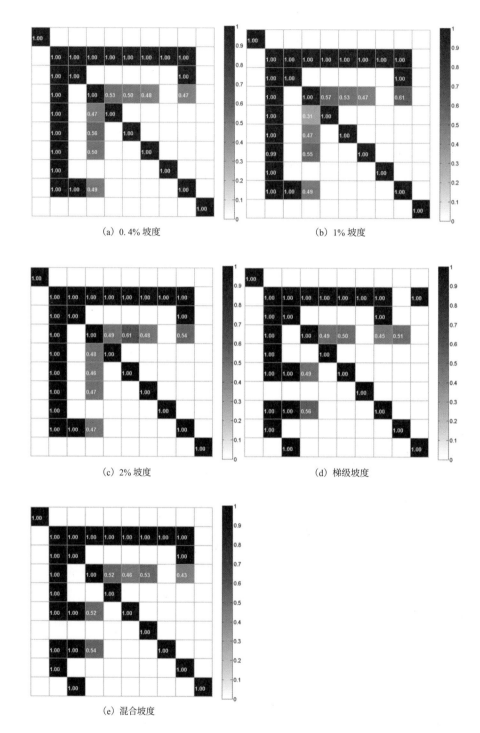

(a) 0.4% 坡度   (b) 1% 坡度

(c) 2% 坡度   (d) 梯级坡度

(e) 混合坡度

图 5.18　不同坡度条件下帕累托最优解集概率分布

　基于雨洪调蓄能力的城市绿地系统格局优化研究

3）格局指标

对不同坡度条件下的绿地系统最优格局的空间特征进行定量分析，借助景观格局指数和基于水文过程的格局指标，比较不同坡度条件下绿地系统最优格局的空间变化。图 5.19 显示，不同坡度条件下帕累托最优解集具有相似的空间特征，绿地斑块聚集度和连通性较高、源头指标和汇流指标较高，缓冲区相对较低。与前三种地形相比，梯级地形和混合地形的聚集度、连通性略低，源头指标 1 和缓冲区指标也略低于前者。

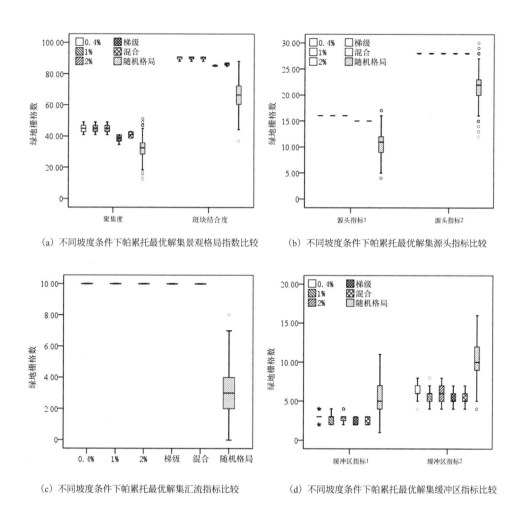

（a）不同坡度条件下帕累托最优解集景观格局指数比较   （b）不同坡度条件下帕累托最优解集源头指标比较

（c）不同坡度条件下帕累托最优解集汇流指标比较   （d）不同坡度条件下帕累托最优解集缓冲区指标比较

图 5.19　不同坡度条件下帕累托最优解集空间特征比较

5.3.3 土壤

设计了四种土壤类型的集水区，其中，A 型的下渗能力最强，B 型的次之，D 型的最弱，AD 混合型集水区上游为 A 型土壤，下游为 D 型土壤。对四种土壤类型条件下的最优格局优化效率和帕累托最优解集概率分布进行了比较，分析了不同土壤条件下绿地系统格局最优解的空间异同。

1）优化效率

随着土壤下渗率的下降，绿地系统最优格局的雨洪调蓄综合优化效率也呈现下降趋势，绿地系统在 A 型土壤（下渗能力强）条件下，具有最强的雨洪调蓄能力，利用绿地系统格局优化，能有效地提升系统雨洪调蓄能力；AD 混合型土壤的雨洪调蓄能力介于 A 型土壤和 D 型土壤之间，其对雨洪调蓄能力的综合优化效率也介于二者之间（表 5.6）。

表 5.6 不同土壤类型条件下绿地系统最优格局优化效率比较

土壤类型	Q_a / 万 m³			Q_o / 万 m³			Q_p / (m³/s)			综合优化效率 / （%）
	优化值	平均值	优化效率 / （%）	优化值	平均值	优化效率 / （%）	优化值	平均值	优化效率 / （%）	
A	2.527	3.637	30.5	0.376	0.498	24.5	0.262	0.780	66.5	40.5
B	2.941	3.811	22.8	0.432	0.525	17.6	0.347	0.834	58.4	33.0
D	4.088	5.343	23.5	0.517	0.567	8.7	0.456	0.837	45.5	25.9
AD	2.766	3.850	28.2	0.420	0.537	21.8	0.347	0.837	58.5	36.2

2）帕累托最优解集

从图 5.20 可以看出，土壤类型 A 和 B 具有相似的帕累托最优解集概率分布；土壤类型 D 最优格局的绿地斑块主要分布在流域上游，由于 D 类土壤具有较弱的下渗能力和雨洪调蓄能力，所以，其分布也具有较强的聚集性。混合土壤类型 AD 最优格局的绿地斑块主要集中在集水区上游下渗能力强的 A 型土壤区域，且表现出一定的分散性，以最大限度地发挥每一块绿地的雨洪调蓄能力。

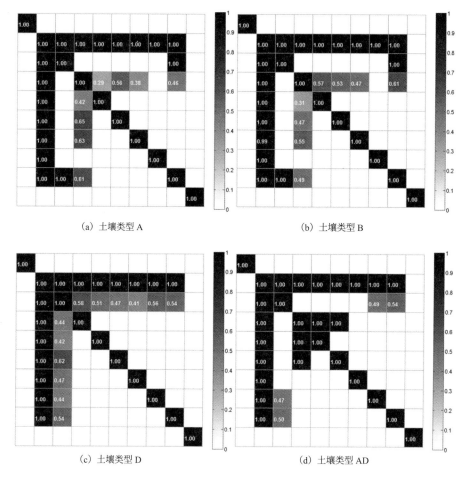

(a) 土壤类型 A   (b) 土壤类型 B

(c) 土壤类型 D   (d) 土壤类型 AD

图 5.20　不同土壤类型条件下帕累托最优解集概率分布

3）格局指标

比较不同土壤类型的最优格局的景观格局指数和基于水文过程的指标可以发现，各土壤类型条件下，基于雨洪调蓄能力优化的绿地系统最优格局都具有很高的聚集度、连通性、源头指标、汇流指标和较低的缓冲区指标。土壤类型 D 的绿地斑块聚集度、源头指标 2 最高，混合土壤类型 AD 也表现出较强的聚集性，其缓冲区指标明显高于其他三种土壤类型，这也与其帕累托最优解集概率分布特征一致（图 5.21）。

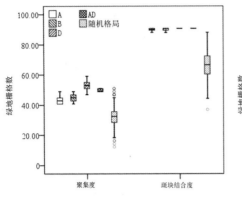

（a）不同土壤类型条件下帕累托最优解集景观格局指数
比较

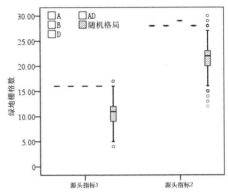

（b）不同土壤类型条件下帕累托最优解集源头指标比较

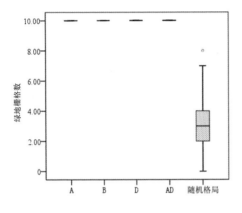

（c）不同土壤类型条件下帕累托最优解集汇流指标比较

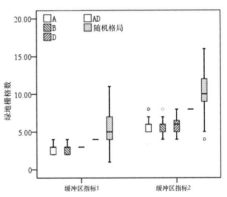

（d）不同土壤类型条件下帕累托最优解集缓冲区指标比较

图5.21　不同土壤类型条件下帕累托最优解集空间特征比较

5.3.4　绿地率

绿地率对绿地系统的雨洪调蓄能力有显著影响，Bernatzky（1983）、 Kurfis 等（2001）、Gill 等（2007）学者的研究表明，绿地率越高，绿地系统的雨洪调蓄能力越强，当绿地率增高10%时，径流量减少5%～10%。本书研究了在5%、10%、20%、30%、40%、50%、60%、70%八种绿地率情景下，基于雨洪调蓄能力优化的绿地系统最优格局对绿地率变化的响应，以及其优化效率的变化。

1）优化效率

通过比较发现，随着绿地率的上升，绿地系统的雨洪调蓄能力大幅度提升，绿地率超过60%时，集水区内几乎无雨水外排且流域出口峰值流量接近于零。与各绿地率对应的1000种随机格局的平均雨洪调蓄能力相比，通过对绿地格局进行优化大大提高了系统对径流的控制能力。随着绿地率的上升，对绿地系统格局调控的空间越大，绿地最优格局提升的雨洪调蓄效率越高（表5.7）。比较不同绿地率条件下绿地系统雨洪调蓄能力的边际效益（图5.22）可以发现，以最优格局布置集水区绿地时，绿地率为20%时，绿地系统对流域汇流累积量和流域出口径流量调蓄能力边际效益最大，绿地率为40%时，绿地系统对流域出口峰值流量调蓄能力边际效益最大；集水区内绿地随机布置时，同样在绿地率为20%时，绿地系统对流域汇流累积量和流域出口径流量调蓄能力边际效益最大，而绿地系统对流域出口峰值流量调蓄能力边际效益最大值出现在绿地率为30%时。总而言之，集水区内绿地率20%～40%的绿地系统雨洪调蓄能力边际效益最大。

表5.7　不同绿地率条件下绿地系统最优格局优化效率比较

绿地率/（%）	Q_a/万m^3			Q_o/万m^3			Q_p/（m^3/s）			综合优化效率/（%）
	优化值	平均值	优化效率/（%）	优化值	平均值	优化效率/（%）	优化值	平均值	优化效率/（%）	
5	5.952	5.991	0.7	0.824	0.837	1.5	0.917	1.943	52.8	18.3
10	5.654	5.532	-2.2	0.751	0.771	2.6	0.592	1.498	60.5	20.3
20	4.218	4.645	9.2	0.592	0.644	8.2	0.456	1.203	62.1	26.5
30	2.941	3.811	22.8	0.432	0.525	17.6	0.347	0.834	58.4	33.0
40	1.931	3.032	36.3	0.286	0.413	30.7	0.195	0.557	65.0	44.0
50	1.111	2.315	52.0	0.149	0.312	52.4	0.074	0.354	79.1	61.2
60	0.615	1.659	62.9	0.027	0.217	87.6	0.006	0.198	96.9	82.5
70	0.149	1.074	86.2	0.000	0.134	100.0	0.000	0.094	99.5	95.2

注：不同绿地率条件下雨洪调蓄能力指标评价值为对应的绿地率条件下1000种随机格局的平均值。

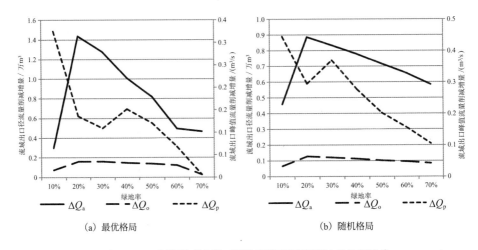

（a）最优格局   （b）随机格局

图 5.22　不同绿地率条件下绿地系统雨洪调蓄能力的边际效益

2）帕累托最优解集

如图 5.23 显示，随着集水区内绿地率的上升，基于雨洪调蓄能力的绿地系统格局帕累托最优解集呈现出明显的演变规律：①绿地率 5%～10% 呈现出明显的过程控制格局，绿地优先占据主汇流路径；②绿地率 10%～20% 呈现出源头控制格局，绿地在流域上游源头区域有较高的分布概率；③绿地率 30%～40% 呈现出源头多级分散治理格局，绿地在流域上游源头区域呈现多级梯度分布；④绿地率 50%～70% 表现出明显的末端控制特征，绿地斑块沿缓冲区向流域下游布局。随着绿地率的上升，绿地系统最优格局的确定性降低、多解性增强。逆向来看，绿地率从 70% 向 5% 变化时，也呈现出基于低影响开发的城市化最优格局。

3）格局指标

随着绿地率的上升，绿地系统最优格局指标也表现出非常明显的变化规律，绿地斑块聚集度呈指数增加趋势，绿地斑块连通性也表现出较快的增长。对源头指标、汇流指标、缓冲区指标进行比较发现（图 5.24），汇流指标增速最快，源头指标其次，缓冲区指标最后，这也体现了对雨洪调蓄能力的有序多目标优化，首先，控制流域出口峰值流量，即汇流过程控制；其次，控制流域汇流累积量，即源头控制；再次，控制流域出口径流量，即末端控制。三级控制在不同绿地率绿地系统最优格局指标变化的规律上得到了很好的体现。

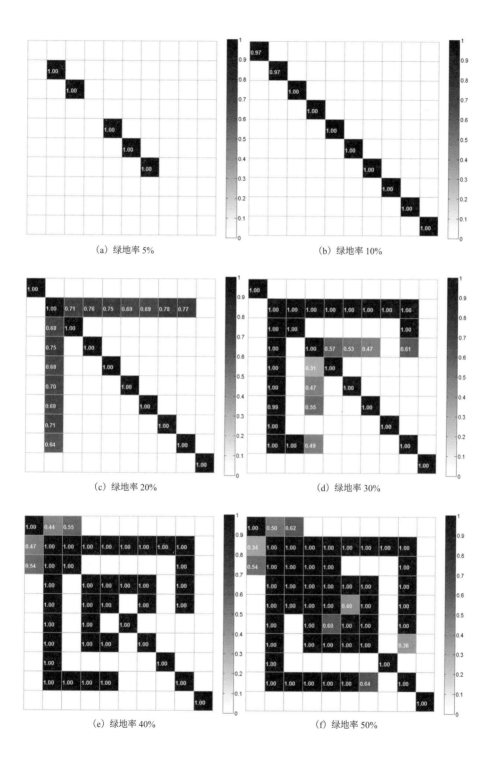

（a）绿地率 5%

（b）绿地率 10%

（c）绿地率 20%

（d）绿地率 30%

（e）绿地率 40%

（f）绿地率 50%

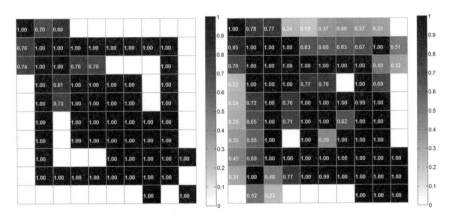

（g）绿地率 60%　　　　　　　　　　（h）绿地率 70%

图 5.23　不同绿地率条件下帕累托最优解集概率分布

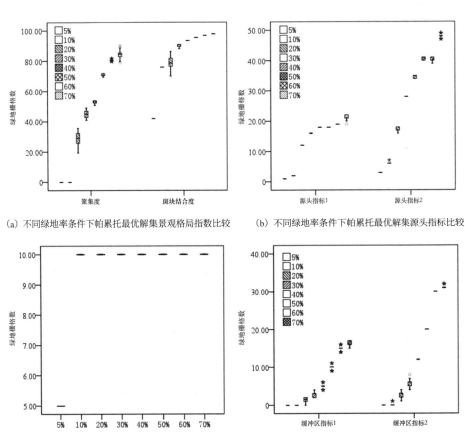

（a）不同绿地率条件下帕累托最优解集景观格局指数比较　　　（b）不同绿地率条件下帕累托最优解集源头指标比较

（c）不同绿地率条件下帕累托最优解集汇流指标比较　　　（d）不同绿地率条件下帕累托最优解集缓冲区
指标比较

图 5.24　不同绿地率条件下帕累托最优解集空间特征比较

5.3.5 绿地形式

采用 GSPO_SRS 模型，模拟了无下凹、下凹 5 cm、下凹 10 cm 和下凹 15 cm 的四种绿地形式的雨洪调蓄能力，分别求解了不同绿地形式对应的优化效率和帕累托最优解集，从景观格局指数和基于水文过程的格局指数方面进一步分析不同绿地形式的最优格局空间分布特征。

1）优化效率

通过绿地系统格局优化，大大提高了系统的雨洪调蓄能力。比较不同绿地形式的最优格局优化效率发现，随着绿地下凹深度的增大，调蓄能力增强，对应的最优格局的雨洪调蓄优化效率也得到了提升，下凹 15 cm 绿地形式的最优格局比无下凹绿地的综合优化效率提高了近 3 倍（表 5.8）。因此，增大绿地的下凹深度，不仅能提高绿地系统的雨洪调蓄能力，而且能通过格局优化来提升系统雨洪调蓄能力。结合第四章的分析，随着绿地下凹深度的增大，其雨洪调蓄能力的增速越来越小，但利用格局优化手段实现流域雨洪调蓄的效果更好，格局优化对系统雨洪调蓄能力的提升有更显著的效果。

表 5.8　不同绿地形式下最优格局优化效率比较

绿地形式	Q_a / 万 m³			Q_o / 万 m³			Q_p / (m³/s)			综合优化效率 / (%)
	优化值	平均值	优化效率 / (%)	优化值	平均值	优化效率 / (%)	优化值	平均值	优化效率 / (%)	
无下凹	4.702	4.972	5.4	0.695	0.695	0.0	0.592	1.077	45.0	16.8
下凹 5 cm	3.863	4.257	9.3	0.563	0.592	5.0	0.456	0.837	45.5	19.9
下凹 10 cm	2.941	3.811	22.8	0.432	0.525	17.6	0.347	0.834	58.4	33.0
下凹 15 cm	2.371	3.521	32.7	0.330	0.479	31.1	0.262	0.716	63.4	42.4

2）帕累托最优解集

随着绿地下凹深度的增大、调蓄能力的增强，帕累托最优解集表现出一定的空间演变规律。绿地无下凹时，绿地斑块主要分布在汇流路径和流域的最源头位置；绿地下凹 5 cm 时，源头绿地有下移的趋势，且绿地系统的聚集性增强；绿地下凹 10 cm 时，源头区的绿地斑块出现了分散的趋势；绿地下凹 15 cm 时，绿地斑块在流域上游地区出现了集中分布的现象（图 5.25）。

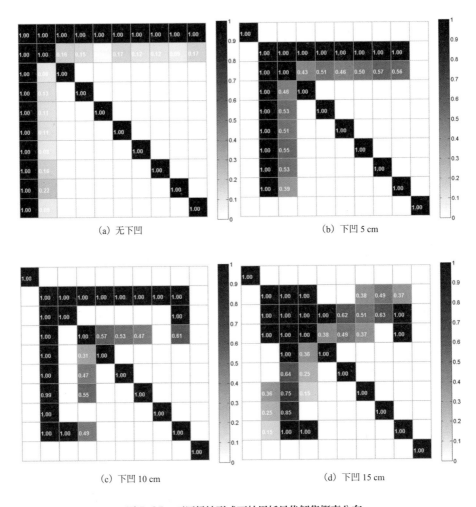

(a) 无下凹   (b) 下凹 5 cm

(c) 下凹 10 cm   (d) 下凹 15 cm

图 5.25 不同绿地形式下帕累托最优解集概率分布

3）格局指标

图 5.26 反映了不同绿地形式下绿地最优格局空间特征的变化。总体而言，绿地系统最优格局都具有较高的聚集度和连通性，随着绿地下凹深度的增大，绿地斑块连通性有下降的趋势，而聚集度则呈波浪式的变化，无下凹绿地到下凹 5 cm 绿地，绿地系统最优格局的聚集度上升，下凹 5 cm 绿地到下凹 10 cm 绿地，绿地系统最优格局聚集度下降，下凹 10 cm 到下凹 15 cm 绿地，绿地系统最优格局的聚集度再次上升，而这种波浪式的聚集度变化，也体现了尽可能发挥每块绿地雨洪调蓄作用的

理念。随着绿地下凹深度的增大，源头指标 1 呈现下降趋势，绿地斑块向集水区下游移动，缓冲区指标则出现了上升趋势，表明绿地系统自身雨洪调蓄能力较强时，格局优化时将更加关注末端控制，即流域出口径流量的削减。

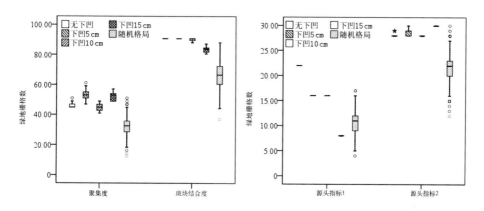

（a）不同绿地形式下帕累托最优解集景观格局指数比较　　　（b）不同绿地形式下帕累托最优解集源头指标比较

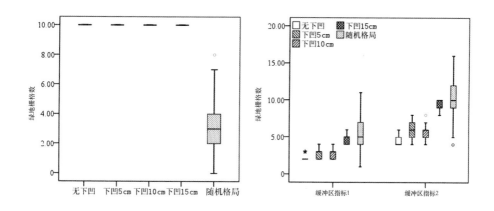

（c）不同绿地形式下帕累托最优解集汇流指标比较　　　（d）不同绿地形式下帕累托最优解集缓冲区指标比较

图 5.26　不同绿地形式下帕累托最优解集空间特征比较

5.3.6 河流

真实环境的集水区内往往会有汇流河道，因此，沿集水区主汇流路径设计了一条河流，比较集水区内有无河流情景对基于雨洪调蓄能力最大化的绿地系统最优格局的影响。借助 GSPO_SRS 模型对两种情景最优解的优化效率、帕累托最优解集概率分布和格局指标进行了比较分析。

1）优化效率

通过比较发现，集水区内有无河流对随机格局的流域汇流累积量和流域出口峰值流量几乎无影响，最优格局对雨洪调蓄能力的流域汇流累积量和流域出口峰值流量指标的优化效率也无显著差异。集水区内有汇流河道时，流域出口峰值流量会明显增大，对应的最优格局优化效率也有下降的趋势（表 5.9）。总而言之，集水区内无河流时，绿地系统格局优化受到的空间限制较小，具有更好的综合优化效果。

表 5.9　集水区内有无河流情景下最优格局优化效率比较

河流	Q_a / 万 m³			Q_o / 万 m³			Q_p / (m³/s)			综合优化效率 / （%）
	优化值	平均值	优化效率 / （%）	优化值	平均值	优化效率 / （%）	优化值	平均值	优化效率 / （%）	
无河流	2.941	3.811	22.8	0.432	0.525	17.6	0.347	0.834	58.4	33.0
有河流	2.939	3.834	23.3	0.465	0.542	14.2	0.783	1.336	41.4	26.3

注：集水区内有河流情景的雨洪调蓄能力指标的平均值为随机生成的 1000 种有河流情景的格局模拟的结果。

2）帕累托最优解集

图 5.27 比较了有无河流情景下基于雨洪调蓄能力优化的绿地系统格局帕累托最优解集概率分布，有无河流情景下，二者的帕累托最优解集差异明显，由于主汇流路径被河道占据，有河流情景的绿地斑块有沿副汇流路径布局的趋势，同时其中心集聚性增强。

3）格局指标

由于有河流情景的主汇流路径被河道占据，所以，采用副汇流路径上的绿地栅格数作为其汇流指标。总体来说，两种情景下的绿地系统最优格局都具有较高的聚集性、连通性、源头指标和汇流指标。比较而言，有河流情景的绿地系统最优格局具有更高的聚集度、更低的汇流路径指标。两种情景的缓冲区指标均比较低，而集水区内有河流时，其缓冲区指标有上升的趋势（图 5.28）。

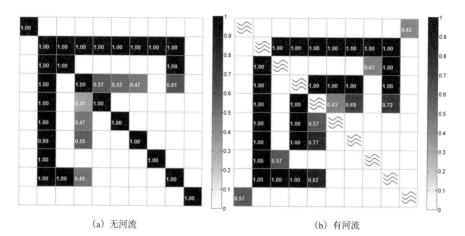

(a) 无河流　　　　　　　　　　　　　　　(b) 有河流

图 5.27　集水区内有无河流情景下帕累托最优解集概率分布

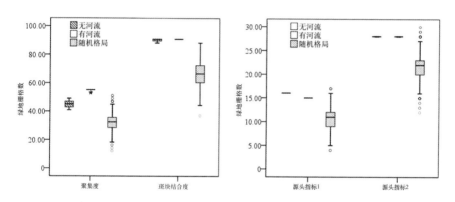

(a) 有无河流情景下帕累托最优解集景观格局指数比较　　　(b) 有无河流情景下帕累托最优解集源头指标比较

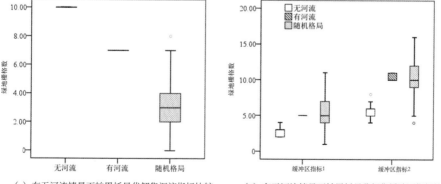

(c) 有无河流情景下帕累托最优解集汇流指标比较　　　(d) 有无河流情景下帕累托最优解集缓冲区指标比较

图 5.28　有无河流情景下帕累托最优解集空间特征比较

5.3.7　模型粒度

由于流域水文模型的粒度会影响模型的精度，从而影响基于雨洪调蓄能力的绿地系统格局优化效果，所以本书选择了60 m精度5×5栅格、30 m精度10×10栅格和15 m精度20×20栅格三种粒度模型，比较了数据精度对GSPO_SRS模型模拟效果的影响。

1）优化效率

通过比较发现，随着模型粒度的变小，模型的优化值有变小的趋势（流域汇流累积量的计算方法与栅格数有关，栅格越多，流域汇流累积量越大），模型精度越高，模拟效果越好，但与同粒度随机格局相比，通过格局优化提升的雨洪调蓄能力变小（表5.10），综合来说30 m精度能取得较好的模拟效果，且模型的计算量比较适中。

表5.10　不同模型粒度条件下最优格局优化效率比较

粒度	Q_a / 万 m³			Q_o / 万 m³			Q_p / (m³/s)			综合优化效率 / （%）
	优化值	平均值	优化效率 / （%）	优化值	平均值	优化效率 / （%）	优化值	平均值	优化效率 / （%）	
60 m	1.403	1.797	21.9	0.293	0.458	36.0	0.226	0.665	66.1	41.3
30 m	1.931	3.032	36.3	0.286	0.413	30.7	0.195	0.557	65.0	44.0
15 m	2.935	5.188	43.4	0.279	0.368	24.3	0.172	0.397	56.8	41.5

注：不同模型粒度条件下各雨洪指标的平均值为对应粒度条件下的1000种随机格局平均值。

2）帕累托最优解集

从图5.29可以看出，不同粒度条件下，绿地系统最优格局具有很强的相似性和规律性，如良好的连通度、较强的聚集性，源头绿地较多。随着模型精度的提高，模型空间确定性变弱，多解性增强，同时绿地系统最优格局的布局更加细化，呈现出更加分散的趋势。标度是一种反映研究区空间或功能的特征尺度，引入标度的概念，有利于把研究成果应用到实际的案例中，并且结合城市分形理论，在标度上探讨绿地系统格局与雨洪调蓄能力的关系，结论会更加稳定，具有更强的指导性。

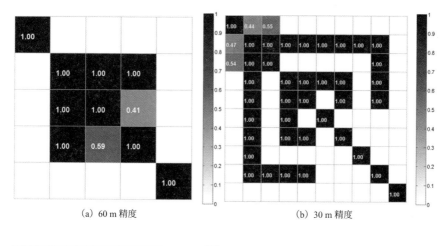

(a) 60 m 精度 (b) 30 m 精度

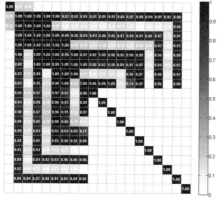

(c) 15 m 精度

图 5.29 不同模型粒度条件下帕累托最优解集概率分布

5.3.8 多变量影响

采用概念性集水区模型研究绿地系统格局对其雨洪调蓄能力的影响及优化，能够分离出各变量对二者关系的影响，并能分析绿地系统最优格局对各变量的敏感性。真实集水区往往同时存在多个复杂变量，绿地最优格局的空间布局受到多方面因子的共同影响，其空间分布特征可能不再显著，如图 5.30 所示，在五年一遇降雨量、混合坡度、混合土壤条件下，集水区内有河流时，绿地最优格局的分布规律不再显著，无法凭经验去优化绿地系统格局，因此，在复杂环境变量下 GSPO_SRS 模型是绿地系统布局决策的有效工具。

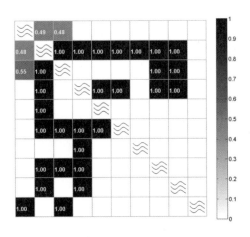

图 5.30　复杂环境条件下绿地系统格局帕累托最优解集概率分布

5.4　绿地系统相对雨洪调蓄能力

由绿地系统最优格局对不同变量的响应可以发现，基于雨洪调蓄能力的绿地系统最优格局对降雨量、绿地率、绿地形式等变量最敏感，对土壤、坡度、有无河流等变量较敏感，对雨型、汇流方式等变量并不敏感。进一步比较发现，在小降雨强度、高绿地率、绿地深度下凹时，绿地系统最优格局表现出很强的聚集特征，而在强降雨、低绿地率、绿地无下凹时，绿地系统最优格局呈现出分散的空间特征。把降雨强度等因子归为绿地系统面临的压力，把绿地率、绿地形式等因子归为绿地系统自身（绝对）雨洪调蓄能力，可以总结，高压低能时，绿地系统最优格局表现出显著的分散性，而低压高能时，绿地系统最优格局表现出明显的聚集特征。绿地系统相对雨洪调蓄能力为绝对雨洪调蓄能力与外界压力之比，相对雨洪调蓄能力越强，绿地系统最优格局越有集中分布的趋势，反之亦然。

在第四章构建的基于栅格的集水区概念模型基础上，采用 GSPO_SRS 模型对绿地系统格局进行优化，由于最优格局存在多解现象，所以引入经济学概念帕累托最优解，构建基于雨洪调蓄能力的绿地系统格局帕累托最优解集，以其空间概率分布来表征绿地系统最优格局空间分布特征。

对流域汇流累积量最小化、流域出口径流量最小化、流域出口峰值流量最小化和最长汇流时间最大化、平均汇流时间最大化的单目标优化分别进行了求解，比较了不同优化目标对应的帕累托最优解集的差异。流域汇流累积量、流域平均汇流时间的帕累托最优解集都表现出很强的确定性；流域出口峰值流量和流域最长汇流时间的帕累托最优解集在汇流路径上也有很强的确定性；流域出口径流量的帕累托最优解集确定性最弱，多解现象最显著。不同目标求解的绿地最优格局都具有较高的连通性，以平均汇流时间最大化和以流域汇流累积量最小化为目标的最优格局具有很强的空间聚集性，削减流域出口径流量的最优格局也具有较高的聚集性。

以流域汇流累积量最小化为目标的帕累托最优解集具有很强的源头控制特征，以流域出口径流量最小化为目标的帕累托最优解集空间分布上比较均匀，缓冲区内绿地斑块较多体现了末端治理特征，以流域出口峰值流量最小化为目标的帕累托最优解集具有明显的汇流过程控制特征，在主汇流路径上绿地斑块的分布概率为1。最长汇流时间的帕累托最优解集空间特征与流域出口峰值流量的类似。

由于单目标优化并不能实现绿地系统雨洪调蓄综合能力的发挥，所以，对GSPO_SRS模型进行了改进，采用有序多目标SA算法，避免了权重的取值难题，实现了对绿地系统雨洪调蓄能力的多目标综合优化。选择流域汇流累积量、流域出口径流量、流域出口峰值流量为子目标，对其组成的六种排序组合分别进行了优化，比较了不同组合的优化效率，以综合优化效率最高的 $Q_p > Q_a > Q_o$ 组合方式研究绿地系统最优格局对降雨、地形、土壤等变量的敏感性。

借助帕累托最优解集概率分布和格局指标，研究了不同环境下通过格局优化，对绿地系统雨洪调蓄能力的提升情况。在模型默认环境下，绿地系统雨洪调蓄综合优化效率为32.9%。在小降雨强度降雨、土壤下渗能力强、绿地率高、绿地下凹深度大时，绿地系统综合优化效率提升幅度大，而在强降雨、土壤渗透能力低、绿地率低、绿地无下凹时，绿地系统综合优化效率提升幅度较小。雨型、汇流方式、坡度对绿地系统综合优化效率提升幅度影响较小。

通过比较发现绿地系统最优格局对降雨量、绿地率、绿地形式等变量最敏感，对土壤、坡度、有无河流、汇流方式等变量较敏感，对雨型变量并不敏感。绿地系统最优格局在不同降雨强度、绿地率条件下有明显的演变规律。由于在某些变量条件下，绿地系统最优格局呈现出相似的空间分布特征，所以，基于绿地系统自身调蓄能力和系统面临的外界压力，提出了相对雨洪调蓄能力的概念，即绿地系统自身（绝对）雨洪调蓄能力与系统面临的外界压力之比。相对雨洪调蓄能力越强，绿地系统最优格局越有集中分布的趋势，且绿地斑块向集水区下游扩张，反之则越分散，且集水区源头的绿地量越多。

6

案例研究

以北京市大石河上游 653 km² 的漫水河水文站控制流域为研究案例，对 GSPO_SRS 模型的水文模块进行了验证，选择了流域下游 7 km² 的子流域作为优化区，采用分级优化的思想，对子流域的 4 个集水区绿地系统进行了优化配置。在优化配置的基础上，借助 GSPO_SRS 模型分别对 4 个集水区绿地系统空间格局进行了优化。

6.1 研究区概况

6.1.1 区位和案例典型性

1）区位

研究区位于北京市大清河流域大石河上游，隶属于房山区，涉及霞云岭乡、史家营乡、大安山乡、佛子庄乡、南窖乡和河北镇（图 6.1）。研究范围为 653 km² 的漫水河水文站控制流域。

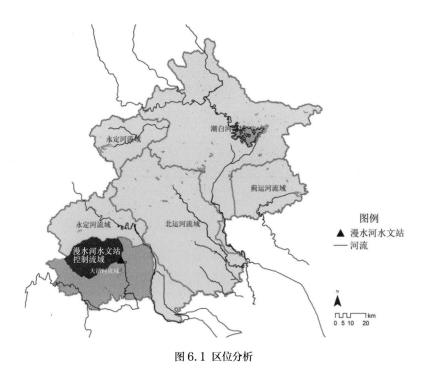

图 6.1 区位分析

2）典型性

（1）浅山区

浅山区是山区中较为特殊的部分，北京市的浅山区是指在未来若干年内最有可能受到城市化过程急剧变化影响的生态敏感地区，从自然地理角度来看，浅山区是北京市山地和平原的过渡地带；从生态系统服务角度出发，浅山区是对北京市生态系统服务至关重要的区域；从社会经济层面来看，浅山区是具有一定的开发价值的区域，已经承受了一定的开发压力或未来将极有可能受到城镇化影响的区域。而本书选择的研究区正好位于北京浅山区内（图6.2），因此，具有典型性。

图例
☐ 浅山区边界
■ 漫水河水文站控制流域

图6.2　研究区在北京浅山区内的位置

（2）洪涝问题突出

研究区地处北京西部太行山山前区，受地形抬升影响，经常出现大暴雨，由于东南太平洋暖湿气流在百花山与西北来的冷空气相遇，漫水河一带成为北京市的暴雨中心之一。暴雨多发生在7至8月，暴雨一般历时3～15小时，短历时暴雨强度较大。暴雨的空间分布主要集中在迎风坡，空间差异较大，局部地区短时强降雨时有发生。研究区内洪涝主要由暴雨产生，发生时间与暴雨一致，其特点是：洪水涨落快且幅度大，洪水历时较短。2012 年 7 月 21 日，北京发生特大暴雨事件，房山区受灾严重，俞孔坚等（2015a）将北京市"7·21"特大暴雨遇难者遇难点与北京市生态安全格局进行了叠合研究，证明了生态安全格局理论的重要性（图6.3），对于本书的研究区，区内有三处遇难点，且优化区内有一处（图6.4），因此可以说该研究区洪涝问题突出，具有典型性。

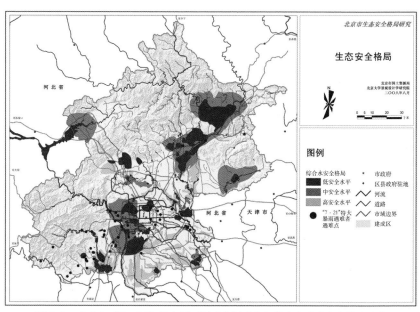

图6.3　北京市"7·21"特大暴雨遇难者遇难点与北京市生态安全格局叠合

（资料来源：俞孔坚等，2015a）

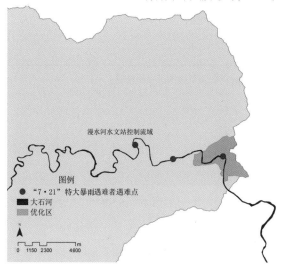

图6.4　北京市"7·21"特大暴雨遇难者遇难点在研究区中的分布

6.1.2 自然条件

房山区位于北京市西南部，地处华北平原与太行山脉交界地带，是北京西南进出京城的重要门户。大石河为北拒马河支流，发源于房山西部山区霞云岭乡堂上村西北，是唯一一条发源于房山境内的河流，房山旧志称圣水。流域上游的较大支沟有南窖沟、史家营沟、大安山沟、白石口沟。

1）土壤和地貌

漫水河水文站控制流域地处太行山与华北平原之间的过渡地带，地势西北高、东南低，主要为石质山区，山区岩石主要为石灰岩、砂岩、页岩，丘陵区有少量的花岗岩。研究区土壤类型多样，主要包括山地棕壤、山地草甸土、淋溶褐土、碳酸盐褐土、粗骨性褐土、褐土、复石灰性褐土等，且随海拔高度呈规律性分布。

研究区植被种类较丰富，区内自然植被类型为落叶阔叶林，并混生常绿针叶林。随着海拔的增高，山区植物群落表现出明显的垂直分布特征。人工植被有油松、侧柏、火炬树等。

2）矿产资源

房山北部山区蕴藏着十分丰富的煤、石材等矿产资源，开采历史悠久，是北京中重要的建材和能源产地。由于成矿地质时间漫长，成矿期次多，形成了沉积型、变质型等丰富的矿产资源，特别是非金属矿产，种类较多且储量较大，目前已知的矿种有四十余种，主要是非金属矿，煤矿尤为集中。

3）气象

漫水河水文站控制流域属于半湿润半干旱地区，是典型的温带大陆性季风气候，冬季多行西北风，天气晴朗少雨，增温快；秋季秋高气爽，少雨，降温快。流域内各地温度变化较大，平原地区多年平均气温 11.6 ℃，无霜期 200 天，山区多年平均气温 10.8 ℃，无霜期 150 天。

受大陆性季风气候和地形的影响，流域内降雨量在年际和地区间分布不均，多年平均降雨量 600 mm，降雨时空分布不均匀，年际变化较大，丰、枯水年连续出现。降雨年内分配不均，多年平均汛期降雨量 519.1 mm，约占全年降雨量的 85%，并多以暴雨形式出现。流域内多年平均水面蒸发量 1080~1140 mm，平原地区较大，西北山区较小。

4）水文

漫水河水文站是海河流域大清河水系大石河上的唯一水文站，始建于 1951 年 6 月，位于北京市房山区青龙湖镇漫水河村，后于 1963 年 5 月上迁至房山区河北镇磁家务村东，位于东经 116° 00′，北纬 39° 47′（图 6.1）。漫水河水文站控制流域内尚未修建任何大型控制性工程。

大石河属于海河流域，为二级河流拒马河的支流，是常年性河流，但由于近年来水量偏少，枯水季节大部分河段处于无水状态，而黑龙关及河北镇河段受到泉水补给，常年有水。研究区内大石河河道长 82.5 km，平均比降为 3.8‰。按含水介质特征、赋存条件和水力性质，研究区内地下水被分为松散岩类孔隙水、基岩裂隙水及岩溶裂隙水三种类型。

6.1.3 社会经济条件

研究区主要涉及霞云岭乡、史家营乡、大安山乡、佛子庄乡、南窖乡和河北镇。各乡镇人口和收入情况如表 6.1 所示。流域下游的河北镇和佛子庄乡人口较多，河北镇和大安山乡非农人口比例较高，而霞云岭乡和史家营乡非农人口比例较低，河北镇、霞云岭乡和史家营乡人均收入较高，而大安山乡和佛子庄乡人均收入较低。

表 6.1　研究区各乡镇人口和收入情况

乡镇	户数	人口/人	非农业人口/人	耕地面积/亩*	人均收入/元
霞云岭乡	5556	10761	2395	5346	9967.3
史家营乡	5488	11509	2800	2983	9736
大安山乡	3978	9446	6784	2161	6318.9
佛子庄乡	7744	15674	7332	2891	6825
南窖乡	3384	7099	3892	276	7773
河北镇	11034	22848	14990	2947	9956
合计	37184	77337	38193	16604	8645.6

资料来源：《北京市房山区统计年鉴（2013）》。

* 1 亩约等于 666.7 m²。

优化区位于流域下游城镇化率较高的河北镇，主要涉及三福村和东庄子村、河东村、磁家务村的部分地区，各村的社会经济基本情况如表 6.2 所示。

表 6.2　优化区各村的社会经济基本情况

村	户数	人口/人	人均劳动所得/元
三福村	430	801	8411.8
东庄子村	985	1956	6756.1
河东村	470	1014	6762.5
磁家务村	1289	2624	7495.1

资料来源：《北京市房山区统计年鉴（2013）》。

6.1.4　水问题

（1）矿山的无序开发、不合理的开发建设，造成研究区洪涝灾害频发

兴盛于 20 世纪 90 年代的村落采石，一直到 2012 年国家禁止当地开山采石才停止，在这一过程中，研究区内煤炭及石材等矿山资源无序开发、私挖乱占现象严重，造成了植被的破坏、地下水水位的下降，引起塌陷、滑坡、泥石流、水土流失等地质灾害，加重了洪涝问题。

20 世纪 80 年代，研究区内河滩地被建设用地大量侵占；20 世纪 90 年代，河道被固化、加盖，宅基地向河道延伸。宅基地在占据河道的同时，将河道的缓冲区也一并占据，极大地增加了洪水风险。山洪来临之时，洪水无宣泄的空间，河滩地内的民居被淹。

（2）地表水利用率较低，河道污染严重，水体生态功能退化

研究区水源地保护力度不够，部分清洁水源得不到有效利用，加重了水资源短缺问题。由于近几年降水量偏少，大石河有些河段无自然基流，维持河流基本生态功能的生态用水量严重不足。

河道内大量公路、铁路、护岸工程的阻隔，河道生态用水的不足，以及两岸污水的直排，造成了河道断流，水生生物、微生物、湿地等大多消亡，丧失了水体自净能力，破坏了河道滨水景观。

6.1.5　数据来源与预处理

1）数据来源

本书采用的数据主要包括：30 m 精度的 DEM 数据、土地利用矢量数据、土壤类型矢量数据、1951—2012 年北京市日降水量数据、漫水河水文站 2012 年径流量和峰值

流量数据，以及北京市房山区的社会经济数据。数据类型、时间及来源如表 6.3 所示。

表 6.3 数据类型、时间及来源

数据类型	数据时间 / 年	数据来源
DEM 高程图	2000	北京大学城市环境学院资料室（30 m）
土地利用图	2007	北京市规划和国土资源管理委员会矢量数据
土壤类型图	—	北京市规划和国土资源管理委员会矢量数据
气象数据	1951—2012	北京站、房山站，中国气象科学数据共享服务网
水文数据	2012	漫水河水文站、北京市水务局
社会经济数据	2012	北京市房山区统计年鉴（2013）

2）数据预处理

（1）子流域、集水区的划分

基于 DEM 数据，在 ArcGIS 平台上，利用水文工具箱提取了漫水河水文站控制流域的河网，并划分了子流域和集水区。与数字化河网数据对比发现，基于 DEM 提取的河网与真实河网存在一些差异，这些差异主要是 DEM 数据精度造成的。因此，采用 Turcotte 等（2001）提出的修正方法，以数字化河网辅助修正 DEM，取得了较好的效果（图 6.5）。基于修正的 DEM，划分了 102 个子流域（图 6.6），选择流域下游建设用地密度高的子流域作为优化区，对该子流域进行了集水区划分（图 6.7），并在此基础上计算了流域和集水区的坡度、汇流方向和汇流累积量。

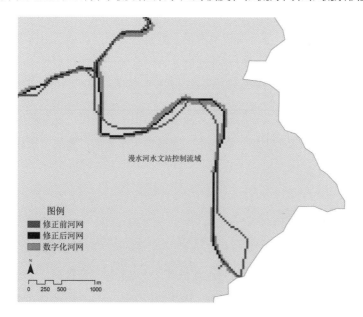

漫水河水文站控制流域

图例
修正前河网
修正后河网
数字化河网

N
0 250 500 1000 m

图 6.5 河网修正

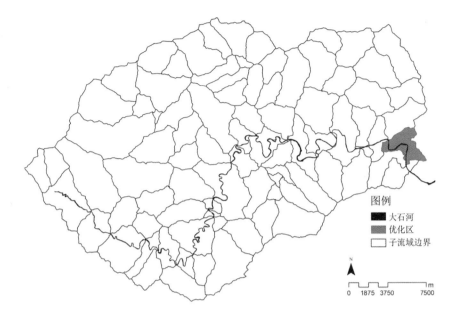

图例

■ 大石河
▨ 优化区
□ 子流域边界

N

0 1875 3750   7500 m

图 6.6　子流域划分

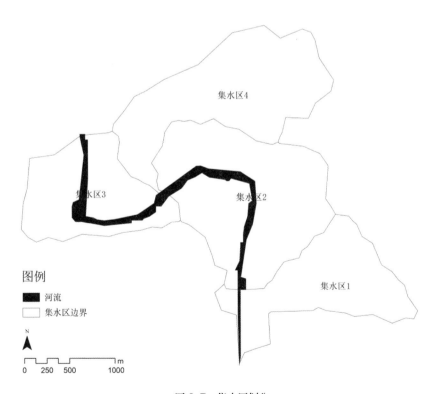

集水区4

集水区3

集水区2

集水区1

图例

■ 河流
□ 集水区边界

N

0 250 500   1000 m

图 6.7　集水区划分

（2）土地利用和土壤分类

根据 2007 年的土地利用数据，将研究区的用地类型分为三类：建设用地、绿地、河流 [图 6.8（a）]，根据土壤的含沙量和粒径，将研究区土壤按水文土壤分组进行分类，研究区内土壤以沙壤土和轻壤土为主，因此分为 A、B 两类 [图 6.8（b）]。

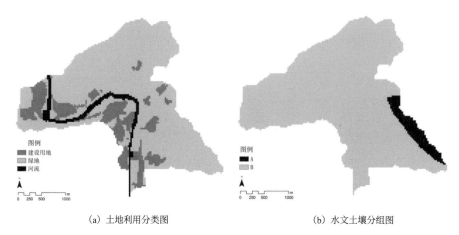

（a）土地利用分类图 　　　　　　　　　（b）水文土壤分组图

图 6.8　土地利用和土壤分类

6.2　模型验证

以漫水河水文站 2012 年 7 月 21 日、7 月 27 日、9 月 2 日三场暴雨的流域出口峰值流量和流域出口径流量为观测值，采用房山站的降雨量数据对模型水文模块进行了模拟验证，结果表明在对流域用地类型概化的同时，模型仍有较高的精度（表 6.4、表 6.5）。

表 6.4　2012 年三场暴雨模型观测值与模拟值比较

日期	降雨量 /mm	AMC	流域出口峰值流量 /（m³/s）			流域出口径流量 / 万 m³		
			观测值	模拟值	误差/（%）	观测值	模拟值	误差/（%）
2012-07-21	365	1	310	295.31	− 4.74	3862.08	3805.82	− 1.46
2012-07-27	86	3	13	13.24	1.85	189.39	187.83	− 0.82
2012-09-02	82	1	7	8.83	26.14	130.46	132.04	1.21

表 6.5　CN 值参数表

土壤类型	AMC1		AMC2		AMC3	
	绿地	建设用地	绿地	建设用地	绿地	建设用地
A	30	63	33	66	37	70
B	48	77	51	80	55	84
C	65	85	68	88	72	92
D	80	89	83	92	87	96

注：AMC 为土壤前期湿润程度，具体指标可参考史培军等（2001），水体 CN 值均采用 98。

6.3　流域尺度绿地系统分级优化

GSPO_SRS 模型计算量较大，因此在流域尺度上采取分级优化的方法，减少模型的计算量，提高优化效率。尤其是在对流域面积较大的区域进行绿地系统雨洪调蓄能力优化时，可以采用多级优化的方法，从而在对整个流域绿地系统格局优化的同时缩短模型的运行时间。流域尺度绿地系统分级优化通过系统采样的方法，生成绿地率梯度变化的绿地系统格局，计算其雨洪调蓄能力指标值，通过对绿地率与雨洪调蓄能力的拟合模型进行优化求解，实现绿地系统的优化配置。

6.3.1　系统采样

对 4 个集水区的 15 种组合，以 5% 绿地率为梯度，对 5% ～ 100% 共 20 种绿地率进行了系统采样，每种绿地率随机采集 100 个样本，一共采集了 28515 个样本（30000 个样本去除了绿地率为 1 的重复样本）。不同组合梯度绿地率采样示意如图 6.9 所示。

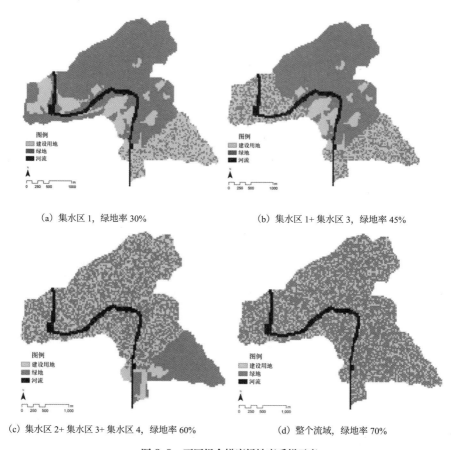

(a) 集水区 1, 绿地率 30%   (b) 集水区 1+ 集水区 3, 绿地率 45%

(c) 集水区 2+ 集水区 3+ 集水区 4, 绿地率 60%   (d) 整个流域, 绿地率 70%

图 6.9   不同组合梯度绿地率采样示意

6.3.2   拟合模型

1）多元线性回归模型

利用 GSPO_SRS 模型模拟了采集的所有样本，选取了流域汇流累积量、流域出口径流量和流域出口峰值流量作为绿地系统雨洪调蓄能力指标，分别对各集水区绿地率进行了指标多元线性拟合，回归分析如表 6.6 所示，所有系数均通过 t 检验。流域汇流累积量和流域出口径流量都取得了较好的拟合效果，但流域出口峰值流量的拟合效果还不够好，因此，采用了二次规划对绿地率与流域雨洪调蓄能力指标进行了回归分析，取得了很好的拟合效果。

表 6.6　各集水区绿地率与流域雨洪调蓄能力指标多元线性回归分析

拟合系数	Q_{a}	Q_{o}	Q_{p}
常量	42276	28.776	11.392
Rg_{1}	−3294	−5.359	−2.725
Rg_{2}	−12116	−9.728	−3.354
Rg_{3}	−13151	−6.362	−1.312
Rg_{4}	−11025	−7.504	−5.506
拟合度（调整 R^2）	0.865	0.860	0.680

2）二次规划模型

二次规划模型常用于解决风险投资、城市交通资源配置、水资源调度、管网优化等研究方向的问题，本书采用二次规划模型对各集水区绿地率与流域雨洪调蓄能力指标进行了拟合，选取调整 R^2 作为拟合度指标避免了由变量增加引起的拟合度提高，比较发现，二次规划模型的拟合效果更优（表 6.7）。

表 6.7　各集水区绿地率与流域雨洪调蓄能力指标二次规划模型分析

变量系数	Q_{a}	Q_{o}	Q_{p}
常量	34.739	49681	21.667
Rg_{1}	−16.144	−11444	−13.736
Rg_{2}	−20.161	−25896	−11.813
Rg_{3}	−7.439	−16319	−4.923
Rg_{4}	−24.362	−36577	−23.304
$Rg_{1} \times Rg_{1}$	12.811	11977	4.012
$Rg_{2} \times Rg_{2}$	14.055	19521	1.612
$Rg_{3} \times Rg_{3}$	5.932	11009	−1.246
$Rg_{4} \times Rg_{4}$	15.362	23340	8.632
$Rg_{1} \times Rg_{2}$	−1.590	−2541	3.961
$Rg_{1} \times Rg_{3}$	−1.972	−3237	2.034
$Rg_{1} \times Rg_{4}$	−1.115	−1718	5.550
$Rg_{2} \times Rg_{3}$	−2.307	−3881	1.979
$Rg_{2} \times Rg_{4}$	−1.275	−1978	5.160
$Rg_{3} \times Rg_{4}$	−1.534	−2431	2.358
拟合度（调整 R^2）	0.985	0.976	0.905

6.3.3 绿地系统优化配置

基于各集水区绿地率与绿地系统雨洪调蓄能力指标的二次规划模型，在流域尺度上对绿地系统进行优化配置有两种可行的方法。

一是选择敏感性强，且反映整个汇流过程的流域出口峰值流量作为目标函数，进行优化求解。

二是采用标准化的思想，将雨洪调蓄能力指标标准化，消除变量之间的大小和变化范围的差异，建立综合目标函数进行求解。

由于各绿地率都对绿地系统雨洪调蓄能力有正向影响，所以，基于真实条件，对各集水区绿地率进行约束，即各集水区优化后绿地率不低于现状绿地率的80%，建设用地比例不低于现状的80%。两种优化方法的数学模型如下所示。

①以流域出口峰值流量为目标函数：

$$\min Q_p = c\mathbf{Rg} + \tfrac{1}{2}\mathbf{Rg}^T \boldsymbol{H}\mathbf{Rg} \tag{6.1}$$

$$\text{s. t.} \begin{cases} \sum_{i=1}^{4} \mathrm{Ag}_i = \mathrm{Ago} \\ \mathrm{Rg}_i \geqslant 0.8 \times \mathrm{Rgo}_i \\ 1 - \mathrm{Rg}_i \geqslant 0.8 \times (1 - \mathrm{Rgo}_i) \\ 0 \leqslant \mathrm{Rg}_i \leqslant 1 \end{cases}$$

式中：Q_p——子流域出口峰值流量；

Rg_i——集水区 i 的绿地率；

Rgo_i——集水区 i 现状绿地率；

Ag_i——集水区 i 绿地面积；

Ago——子流域绿地总面积；

$\mathbf{Rg}^T$——集水区绿地率列向量；

c——变量系数；

$\boldsymbol{H}$——Hessian 矩阵。

②多目标：

$$\min \text{multi}Q = \frac{Q_a - \bar{Q}_a}{S_a} + \frac{Q_o - \bar{Q}_o}{S_o} + \frac{Q_p - \bar{Q}_p}{S_p} \tag{6.2}$$

$$Q_{a,o,p} = c\mathbf{Rg} + \tfrac{1}{2}\mathbf{Rg}^{\mathrm{T}}\mathbf{H}\mathbf{Rg}$$

$$\text{s.t.} \begin{cases} \sum_{i=1}^{4} \text{Ag}_i = \text{Ago} \\ \text{Rg}_i \geqslant 0.8 \times \text{Rgo}_i \\ 1 - \text{Rg}_i \geqslant 0.8 \times (1 - \text{Rgo}_i) \\ 0 \leqslant \text{Rg}_i \leqslant 1 \end{cases}$$

式中：Q_a、Q_o、Q_p——系统采集样本雨洪调蓄能力指标的平均值；

S_a、S_o、S_p——系统采集样本雨洪调蓄能力指标的标准差。

其他变量含义同方法 1。

本书采取方法 1 对流域尺度的绿地系统进行了优化，优化配置结果如表 6.8 所示。优化后，集水区 1 和 4 的绿地率都降低了，而集水区 2 和 3 的绿地率都提高了，进一步比较发现，河流水面率高的集水区绿地率都升高了，而且河流水面率越高，绿地率增幅越大，这也反映了水体和绿地系统之间的密切关系。

表 6.8 流域尺度的绿地系统优化配置结果

集水区	河流水面率 /（%）	现状绿地率 /（%）	优化绿地率 /（%）	绿地率变化 /（%）
1	1.75	82.58	73.25	−9.33
2	7.00	70.08	74.68	4.60
3	11.41	57.04	63.38	6.34
4	0.18	98.54	95.26	−3.28

6.4 集水区尺度绿地系统空间优化

6.4.1 最优格局的求解

通过流域尺度的绿地系统优化配置得到了各集水区的最优绿地率，运用 GSPO_SRS 模型，在集水区尺度上对绿地系统格局进行空间优化，各集水区的帕累托最优解集空间概率分布如图 6.10 所示。

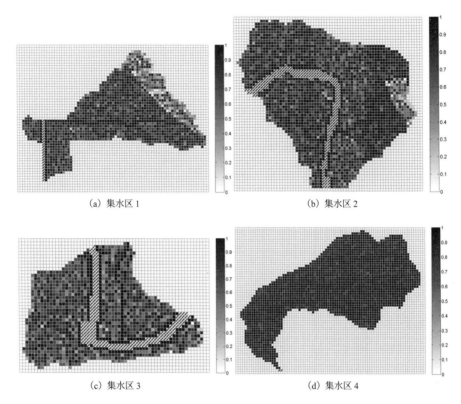

（a）集水区 1   （b）集水区 2

（c）集水区 3   （d）集水区 4

图 6.10   各集水区绿地系统格局帕累托最优解集空间概率分布

从图 6.10 可以看出，各集水区绿地系统最优格局呈现出一定的规律性，所有集水区河流两岸都有绿地作为缓冲区，主要汇流路径上的绿地分布概率高且连通性强。集水区 3 绿地率高，其帕累托最优解集确定性强，而其他集水区都表现出较强的多解性，空间分布比较均匀。此外，集水区 1 和 2 的帕累托最优解集空间概率分布与土壤类型呈现出一定的关系，土壤下渗率越高的区域，绿地分布概率越小，这主要是由于集水区绿地率较高，绿地对优势土壤的竞争较小，在这种情况下，建设用地布置在高下渗率的土壤上能减小整个集水区的汇流累积量和出口径流量。

由于研究区位于北京浅山区，坡度变化范围较大，而根据《城乡建设用地竖向规划规范》（CJJ 83—2016），建设用地最大坡度为 25°，因此，考虑对坡度进行约束，求解基于坡度约束（即建设用地的坡度必须小于 25°）的绿地系统最优格局，结果如图 6.11 所示。

与无坡度约束的帕累托最优解集相比，有坡度约束的绿地系统格局最优解集确

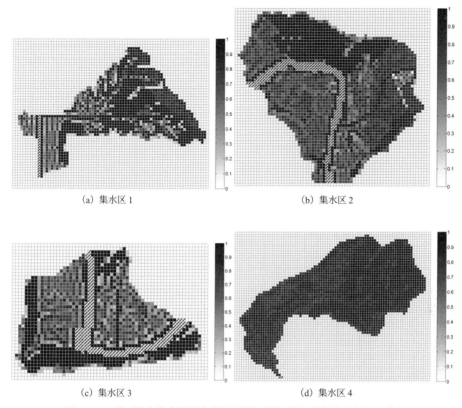

(a) 集水区 1   (b) 集水区 2

(c) 集水区 3   (d) 集水区 4

图 6.11　基于坡度约束的绿地系统最优格局帕累托最优解集空间概率分布

定性更强，绿地斑块和建设用地斑块都成片分布，集水区 1 和 2 的帕累托最优解集空间概率分布与土壤类型无明显关系。与无坡度约束的帕累托最优解集类似，绿地作为河道的缓冲区，以及沿汇流路径分布特征显著。

6.4.2　空间特征分析

本节将对整个流域的绿地系统雨洪调蓄能力优化效率、帕累托最优解集和典型最优解的空间特征进行分析。典型最优解为在帕累托最优解集中随机选取的一个最优解，用于反映单个基于雨洪调蓄能力的绿地系统最优格局的空间特征。流域雨洪调蓄能力优化效率比较见表 6.9。无坡度约束与有坡度约束的优化区帕累托最优解集概率分布和典型最优解如图 6.12 和图 6.13 所示。

从表 6.9 可以看出，对绿地系统格局进行优化后，绿地系统雨洪调蓄能力得到了大幅度提升，流域汇流累积量、流域出口径流量和流域出口峰值流量的优化效率都在50%左右，在这三个指标中，流域出口径流量削减率最高，流域汇流累积量次之，流域出口峰值流量最低。无坡度约束与有坡度约束的绿地系统最优格局相比，除了流域汇流累积量的削减率有些许差别外，其他指标的优化效果几乎相同。

表6.9 流域雨洪调蓄能力优化效率比较

雨洪调蓄能力指标	现状绿地系统格局	无坡度约束绿地系统最优格局		有坡度约束绿地系统最优格局	
		优化值	优化效率/（%）	优化值	优化效率/（%）
流域汇流累积量/万 m³	13604.823	7133.134	47.569	7133.286	47.568
流域出口径流量/万 m³	7.102	3.360	52.688	3.360	52.688
流域出口峰值流量/（m³/s）	1.078	0.595	44.842	0.595	44.842

从优化区帕累托最优解集空间概率分布（图6.12）和典型最优解（图6.13）可以看出，基于雨洪调蓄能力的绿地系统最优格局具有一定的空间分布特征。

①与现状绿地系统格局相比，基于雨洪调蓄能力的最优解的绿地斑块更加分散。

②河道缓冲区内绿地分布概率高。

③汇流路径上绿地分布概率高。

④与无约束的绿地系统帕累托最优解集（典型最优解）相比，有坡度约束的绿地系统帕累托最优解集（典型最优解），绿地和建设用地成片分布，绿地主要分布在河湾外侧，建设用地主要分布在河湾内侧。

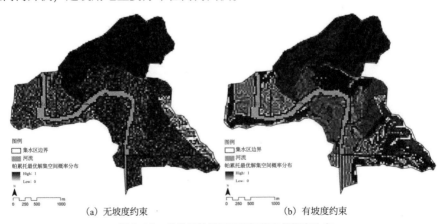

图6.12 优化区帕累托最优解集空间概率分布

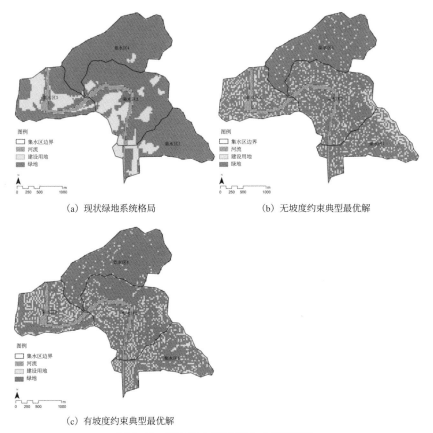

（a）现状绿地系统格局

（b）无坡度约束典型最优解

（c）有坡度约束典型最优解

图 6.13　现状绿地系统格局与典型最优解

6.5　空间决策支持

空间决策支持（Spatial Decision Support，SDS）是应用空间分析的各种手段对空间数据进行加工处理，以挖掘隐含于空间数据中的机制与关系，并以图形和文字的形式进行表达，为现实世界中的各种应用提供科学、合理的决策支持。GSPO_SRS 模型能够为"海绵城市"的建设落地提供强大的空间决策支持，本书以集水区 3 为例，探讨了减少绿地和增加绿地两种情况下，GSPO_SRS 模型在空间决策支持方面的应用。

6.5.1 减少绿地

城市开发建设，会侵占原有的绿地，改变流域的水文过程。本书以减少5%的绿地为例，探寻对绿地系统雨洪调蓄能力影响最小的城市开发建设方案。运用GSPO_SRS模型，以对雨洪调蓄能力影响最小化为目标，求解减少5%绿地的空间分布情况。减少5%绿地最优解的雨洪调蓄能力变化与最优格局如表6.10和图6.14所示。

从表6.10可以看出，在减少5%绿地的情况下，通过合理地布局新增建设用地，流域出口峰值流量无变化，流域汇流累积量和流域出口径流量的增幅均小于2%。因此，利用GSPO_SRS模型基本可以实现集水区开发前后对绿地系统雨洪调蓄能力的零影响。图6.14显示，减少5%绿地的帕累托最优解集多解性较强，新增建设用地空间分布比较分散且比较均匀，基本没有占用集水区的汇流路径和河道缓冲区。

表6.10   减少5%绿地最优解的雨洪调蓄能力变化

雨洪调蓄能力指标	现状绿地系统格局	减少5%绿地	
		优化值	增幅 /（%）
流域汇流累积量 / 万 m³	781.629	786.701	0.649
流域出口径流量 / 万 m³	2.981	3.032	1.724
流域出口峰值流量 /（m³/s）	1.720	1.720	0.000

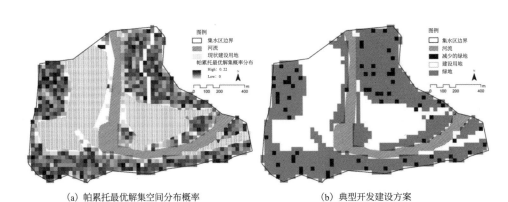

(a) 帕累托最优解集空间分布概率   (b) 典型开发建设方案

图6.14   减少5%绿地的最优格局

6.5.2 增加绿地

增加绿地是提高流域雨洪调蓄能力的有效手段，在推进"海绵城市"建设、集水区增加5%绿地的情况下，运用 GSPO_SRS 模型，以绿地系统雨洪调蓄能力最大化为目标，求解新增绿地的空间分布情况。增加5%绿地最优解的雨洪调蓄能力变化与最优格局如表6.11和图6.15所示。

从表6.11可以看出，在增加5%绿地的情况下，通过合理地布局新增绿地，流域出口峰值流量削减率约达到了53%，流域汇流累积量和流域出口径流量的削减率也超过了25%，因此，利用 GSPO_SRS 模型能够以较小的绿地增量来实现集水区绿地系统雨洪调蓄能力的大幅度提升。图6.15显示，增加5%绿地的帕累托最优解集多解性较强，新增绿地在汇流路径上的分布概率高，新增绿地与集水区原有绿地有较好的连通性。

表6.11　增加5%绿地最优解的雨洪调蓄能力变化

雨洪调蓄能力指标	现状绿地系统格局	增加5%绿地	
		优化值	减幅 /（%）
流域汇流累积量 / 万 m^3	781.629	567.263	27.426
流域出口径流量 / 万 m^3	2.981	2.228	25.247
流域出口峰值流量 /（m^3/s）	1.720	0.807	53.080

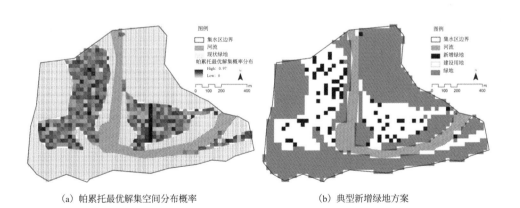

（a）帕累托最优解集空间分布概率　　　　　（b）典型新增绿地方案

图6.15　增加5%绿地的最优格局

以北京市大石河上游 653 km² 的漫水河水文站控制流域为研究案例，采用分级优化的思想，利用 GSPO_SRS 模型，在流域尺度上对绿地系统进行了优化配置，在集水区尺度上对绿地系统进行了空间优化，实现了绿地系统多尺度优化，为"海绵城市"建设的落地提供了空间决策支持。

对 GSPO_SRS 模型水文模块的验证表明，在对流域用地类型概化的同时，模型仍有较高的精度。借助系统采样和二次规划模型，实现了流域尺度的绿地系统优化配置，结果显示河流水面率高的集水区优化后绿地率都有所提高，且河流水面率越高，绿地率增幅越大，这也反映了水绿之间的相互依存关系。

在无坡度约束和有坡度约束两种条件下对绿地系统最优格局进行了求解，对绿地系统格局进行优化后，绿地系统雨洪调蓄能力提升了约 50%。比较帕累托最优解集和典型绿地系统最优格局发现：与现状绿地系统格局相比，基于雨洪调蓄能力的最优解的绿地斑块更加分散；河道缓冲区内和汇流路径上绿地分布概率高；有坡度约束的绿地系统帕累托最优解集（典型最优解），绿地和建设用地成片分布，绿地主要分布在河湾外侧，建设用地主要分布在河湾内侧。

GSPO_SRS 模型能够为"海绵城市"的建设落地提供强大的空间决策支持，在减少 5% 绿地的情况下，利用 GSPO_SRS 模型基本可以实现集水区开发前后对绿地系统雨洪调蓄能力的零影响，新增建设用地空间分布比较分散且比较均匀，基本没有占用集水区的汇流路径和河道缓冲区；在增加 5% 绿地的情况下，利用 GSPO_SRS 模型能够以较小的绿地增量实现集水区绿地系统雨洪调蓄能力的大幅度提升，新增绿地在汇流路径上的分布概率高，新增绿地与集水区原有绿地有较好的连通性。

7

绿地格局优化模型应用前景

7.1 优化方向

1）典型格局

比较六种典型格局的绿地系统雨洪调蓄能力发现，环形绿地格局具有较强的雨洪源头控制和末端治理能力，但雨洪过程控制能力较弱，相反，带状绿地和楔形绿地雨洪过程控制能力较强，但源头控制能力较弱，集水区内的河流会加速完成汇流过程，缩短汇流时间，增加峰值流量。

2）绿地系统格局与其雨洪调蓄能力的关系

通过对 1000 种随机绿地格局的景观格局指数与雨洪调蓄能力指标进行相关性分析发现，绿地斑块聚集度、连通性对系统雨洪调蓄能力有正向影响。景观格局指数聚散性指标（如斑块密度、聚集度）和连通性指标（如斑块结合度、景观分割度）对流域出口径流量影响较大，对流域汇流累积量影响次之，对流域出口峰值流量影响最小。

对绿地系统景观格局指数与雨洪调蓄能力指标进行多元线性拟合发现，绿地系统景观格局指数对其雨洪调蓄能力的解释力不强，尤其是对流域出口峰值流量指标解释力最弱。通过构建基于水文过程的绿地系统格局指标（包括源头指标、汇流指标和缓冲区指标），提升了绿地系统格局指标与雨洪调蓄能力指标的拟合效果，尤其是对流域出口峰值流量和流域汇流累积量解释力较强。

3）不同变量对绿地系统格局与雨洪调蓄能力关系的影响

① 降雨量超过十年一遇时，流域累积汇流量、流域出口径流量和峰值流量的增速都超过了降雨量，表明绿地系统雨洪调蓄能力随降雨强度的增加而减弱，尤其是在超过十年一遇的降雨条件下，绿地系统雨洪调蓄能力将减弱。通过对流域径流系数的变化分析发现，绿地系统对小降雨强度降雨有较强的调蓄能力，而对于强降雨，其调蓄能力将减弱。在降雨量较小时（如小于十年一遇降雨量），绿地越集中，系统调蓄能力越强；而在强降雨条件下（如大于五十年一遇降雨量），绿地越分散，系统调蓄能力越强。流域源头绿地对流域汇流累积量的削减有较好效果，流域汇流路径上的绿地能有效控制流域出口峰值流量，而缓冲区内的绿地对流域末端雨洪控

制具有较好的效果，降雨强度较小时，三个区域内的绿地对雨洪调蓄能力的三个指标都表现出一致的正向影响，而降雨强度较大时，源头指标、汇流指标和缓冲区指标对流域雨洪调蓄能力的影响表现出一定的互斥性，究其原因，主要是对有限的绿地资源的争夺。

② 雨型对流域出口峰值流量影响较大，对其他雨洪调蓄能力指标无明显影响。

③ 坡度越大，流域出口峰值流量越大，但坡度变化对绿地系统格局与雨洪调蓄能力的相关性影响较小。

④ 集水区内绿地分布越聚集、连通性越强，流域汇流累积量和出口径流量越小，随着土壤下渗能力的减弱，绿地斑块聚集度、连通性对流域汇流累积量的影响减弱，而对流域出口径流量的影响增强。

⑤ 随着绿地下凹深度的增大，其雨洪调蓄能力增强，流域汇流累积量、流域出口径流量和峰值流量都有减小的趋势，且随着下凹深度的增大，下凹绿地的边际效益降低。

4）城市绿地系统格局优化

① 帕累托最优解集能较好地表征绿地系统最优格局的空间特征，流域汇流累积量、流域平均汇流时间的帕累托最优解集都表现出很强的确定性，流域出口峰值流量和流域最长汇流时间的帕累托最优解集在汇流路径上也有很强的确定性，流域出口径流量的帕累托最优解集确定性最弱，多解现象最显著。不同目标求解的绿地最优格局都具有较高的连通性，以平均汇流时间最大化和以流域汇流累积量最小化为目标的最优格局具有很强的空间聚集性，以流域出口径流量最小化的最优格局也具有较高的聚集性。

② 以流域汇流累积量最小化为目标的帕累托最优解集具有很强的源头控制特征，以流域出口径流量最小化为目标的帕累托最优解集空间分布上比较均匀，缓冲区内绿地斑块较多体现了末端治理特征，以流域出口峰值流量最小化为目标的帕累托最优解集具有明显的汇流过程控制特征，在主汇流路径上绿地斑块的分布概率为1。

③ 在模型默认环境下，绿地系统雨洪调蓄综合优化效率为32.9%。小降雨强度降雨、土壤强下渗能力、高绿地率、绿地下凹深度大时，绿地系统综合优化效率提升幅度大，而在强降雨、土壤低渗透能力、低绿地率、绿地无下凹时，绿地系统综

合优化效率提升幅度较小。雨型、汇流方式、坡度对绿地系统综合优化效率提升幅度影响较小。

④ 绿地系统最优格局对降雨量、绿地率、绿地形式等变量最敏感，对土壤、坡度、有无河流、汇流方式等变量较敏感，对雨型变量并不敏感。绿地系统最优格局对不同降雨强度、绿地率有明显的演变规律。总体而言，相对雨洪调蓄能力越强，绿地系统最优格局越有集中分布的趋势，且绿地斑块向集水区下游扩张，反之则越分散，且集水区源头的绿地量越多。

⑤ 在模型默认环境下，集水区绿地率在 20% ～ 40% 范围内，绿地系统具有最大的雨洪调蓄能力边际效益。地形整体坡度的变化对最优格局的影响较小，但局部地形变化对绿地系统最优格局的空间分布有显著影响。

5）多尺度绿地系统格局优化

以北京市大石河上游 653 km² 的漫水河水文站控制流域为研究案例，采用分级优化的思想，利用 GSPO_SRS 模型，在流域尺度上对绿地系统进行了优化配置，在集水区尺度上对绿地系统进行了空间优化，实现了绿地系统多尺度优化，为"海绵城市"建设落地提供了空间决策支持。

① 在无坡度约束和有坡度约束两种条件下对绿地系统最优格局进行求解，对绿地系统格局进行优化后，绿地系统雨洪调蓄能力提升了约 50%。

② 与现状绿地系统格局相比，基于雨洪调蓄能力的最优解的绿地斑块更加分散；河道缓冲区内和汇流路径上绿地分布概率高；有坡度约束的绿地系统帕累托最优解集 / 典型最优解，绿地和建设用地成片分布，绿地主要分布在河湾外侧，建设用地主要分布在河湾内侧。

③ GSPO_SRS 模型能够为"海绵城市"的建设落地提供强大的空间决策支持，在减少 5% 绿地的情况下，利用 GSPO_SRS 模型基本可以实现集水区开发前后对绿地系统雨洪调蓄能力的零影响，新增建设用地空间分布比较分散且均匀，基本没有占用集水区的汇流路径和河道缓冲区；在增加 5% 绿地的情况下，利用 GSPO_SRS 模型能够以较小的绿地增量实现集水区绿地系统雨洪调蓄能力的大幅度提升，新增绿地在汇流路径上的分布概率高，新增绿地与集水区原有绿地有较好的连通性。

④ 绿地系统最优格局的研究为城市绿地系统规划提供指导和建议：城市建设要

保证绿地斑块具有良好的连通性；绿地尽可能地布局在集水区的汇流路径上；河流缓冲区内的绿地斑块需要重点保护；绿地尽可能地布局在河湾的外侧，建设用地布局在河湾的内侧。

7.2　应用前景

1）模型界面化

GSPO_SRS 模型主要包括三个模块：水文模块、优化模块和辅助模块，能够实现流域尺度的绿地系统优化配置和集水区尺度的绿地系统空间优化，为大尺度流域绿地系统格局优化及"海绵城市"的建设落地提供空间决策支持，具有广阔的应用前景。以 GSPO_SRS 模型为基础，开发界面友好的 GSPO_SRS 软件，能极大地方便用户操作，改善用户体验，有利于模型的应用和推广。

2）模型细化

本书对土地利用类型进行了概化，而真实场地的建设用地和绿地包括多种亚类，如居住用地、商业用地、工业用地、公园绿地、生产绿地、防护绿地等，具有雨洪调蓄能力的绿地又可以被分为雨洪调蓄设施绿地和汇流下垫面绿地，因此，对模型的建设用地和绿地类型进行细化，一方面能提高模型模拟精度，另一方面能为"海绵城市"建设落地提供更强大和更具体的空间决策支持。

3）与排水管网结合，联动发挥灰绿基础设施的雨洪调蓄功能

城市系统的雨洪调节能力受绿色基础设施和灰色基础设施两个方面影响，本书主要探讨如何通过绿地系统的合理布局最大限度地发挥绿色基础设施的雨洪调蓄功能。对于 GSPO_SRS 模型，增加排水管网模块，使绿色基础设施与灰色基础设施能更好地衔接，联动发挥灰绿基础设施的雨洪调蓄功能是一个值得深入研究的方向。

4）GSPO 系列模型

绿地系统为城市提供多种生态系统服务，包括供给服务（如提供食物）、调节服务（如调蓄雨洪、调节温度、削减大气污染物、固碳输氧等）、支持服务（如保护生物多样性）和文化服务（如游憩、审美和教育等），本书从雨洪调蓄的视角

对绿地系统的最优格局进行了求解，是 GSPO 模型系列的一个子模型，未来 GSPO 系列模型还应包括 GSPO_TR，基于温度调节的绿地系统格局优化模型；GSPO_PM2.5R，基于大气污染治理的绿地系统格局优化模型等。

通过不同子模型的组合，可以实现绿地系统综合功能的最优化，进一步引入投入-产出模型，在对绿地系统格局优化的同时，以较低的成本获得绿地生态系统功能的最大化也是未来的一个研究方向。

参考文献

[1] 蔡剑波，林宁，杜小松，等.低洼绿地对降低城市径流深度、径流系数的效果分析[J].城市道桥与防洪，2011(6): 119-122.

[2] 常青，王仰麟，李双成.中小城镇绿色空间评价与格局优化——以山东省即墨市为例[J].生态学报，2007，27(9): 3701-3710.

[3] 车伍，李俊奇.城市雨水利用技术与管理[M].北京:中国建筑工业出版社，2006.

[4] 车伍，吕放放，李俊奇，等.发达国家典型雨洪管理体系及启示[J].中国给水排水，2009，25(20): 12-17.

[5] 车伍，张鹍，赵杨.我国排水防涝及海绵城市建设中若干问题分析[J].建设科技，2015(1): 22-25，28.

[6] 陈昊，南卓铜.水文模型选择及其研究进展[J].冰川冻土，2010，32(2): 397-404.

[7] 陈前虎，向美洲，李松波.城市住宅区绿地景观格局与径流水质关系研究[J].浙江科技学院学报，2013，25(1): 52-58.

[8] 陈仁升，康尔泗，杨建平，等.水文模型研究综述[J].中国沙漠，2003，23(3): 221-229.

[9] 陈书谦.基于网络分析法的公园绿地可达性研究[D].哈尔滨:哈尔滨工业大学，2013.

[10] 陈筱云.北京"7·21"和深圳"6·13"暴雨内涝成因对比与分析[J].水利发展研究，2013，13(1): 39-43.

[11] 程江，杨凯，徐启新.高度城市化区域汇水域尺度LUCC的降雨径流调蓄效应——以上海城市绿地系统为例[J].生态学报，2008，28(7): 2972-2980.

[12] 程晓光，张静，宫辉力.半干旱半湿润地区HSPF模型水文模拟及参数不确定性研究[J].环境科学学报，2014，34(12): 3179-3187.

[13] 仇保兴.海绵城市（LID）的内涵、途径与展望[J].给水排水，2015(3): 1-7.

[14] 丁杰，李致家，郭元，等.利用HEC模型分析下垫面变化对洪水的影响——以伊河东湾流域为例[J].湖泊科学，2011，23(3): 463-468.

[15] 董品杰，赖红松.基于多目标遗传算法的土地利用空间结构优化配置[J].地理与地理信息科学，2003，19(6): 52-55.

[16] 董欣，陈吉宁，赵冬泉.SWMM模型在城市排水系统规划中的应用[J].给水排水，2006，32(5): 106-109.

[17] 董艳萍, 袁晶瑄. 流域水文模型的回顾与展望[J]. 水力发电, 2008, 34(3): 20-23.

[18] 董悦, 张饮江, 刘晓培, 等. 上海世博园后滩湿地生态系统构建与水质调控效应研究[J]. 湿地科学, 2013, 11(2): 219-226.

[19] 冯娴慧, 魏清泉. 基于绿地生态机理的城市空间形态研究[J]. 热带地理, 2006, 26(4): 344-348.

[20] 高小永. 基于多目标蚁群算法的土地利用优化配置[D]. 武汉: 武汉大学, 2010.

[21] 郭琳. 巴彦县土地利用景观格局优化研究[D]. 哈尔滨: 东北农业大学, 2014.

[22] 郭伟. 北京地区生态系统服务价值遥感估算与景观格局优化预测[D]. 北京: 北京林业大学, 2012.

[23] 韩莉, 刘素芳, 黄民生, 等. 基于HSPF模型的流域水文水质模拟研究进展[J]. 华东师范大学学报（自然科学版）, 2015(2): 40-47, 57.

[24] 韩文权, 常禹, 胡远满, 等. 景观格局优化研究进展[J]. 生态学杂志, 2005, 24(12): 1487-1492.

[25] 何春阳, 史培军, 陈晋, 等. 基于系统动力学模型和元胞自动机模型的土地利用情景模型研究[J]. 中国科学: D辑, 2005, 35(5): 464-473.

[26] 花伟军, 苏德荣, 赵会娟. 城市草坪绿地临界产流降雨量的试验研究[C] //中国农业工程学会2007年学术年会论文摘要集. 大庆: 中国农业工程学会, 2007: 72.

[27] 黄超, 许涛, 刘莉莉. 生态系统服务导向的城市公园评价——以桥园公园为例[J]. 成都大学学报（自然科学版）, 2013, 32(2): 197-201.

[28] 黄海. 土地利用结构多目标优化遗传算法[J]. 山地学报, 2011, 29(6): 695-700.

[29] 金鑫, 郝振纯, 张金良. 水文模型研究进展及发展方向[J]. 水土保持研究, 2006, 13(4): 197-199, 202.

[30] 晋存田, 赵树旗, 闫肖丽, 等. 透水砖和下凹式绿地对城市雨洪的影响[J]. 中国给水排水, 2010, 26(1): 40-42, 46.

[31] 李春雷, 董晓华, 邓霞, 等. HEC-HMS模型在清江流域洪水模拟中的应用[J]. 水利科技与经济, 2009, 15(5): 426-427.

[32] 李锋, 王如松. 城市绿色空间生态服务功能研究进展[J]. 应用生态学报, 2004, 15(3): 527-531.

[33] 李锋, 王如松. 城市绿色空间服务功效评价与生态规划[M]. 北京: 气象出版社, 2006.

[34] 李娜, 许有鹏, 陈爽. 苏州城市化进程对降雨特征影响分析[J]. 长江流域资源与环境, 2006, 15(3): 335-339.

[35] 李素英, 王计平, 任慧君. 城市绿地系统结构与功能研究综述[J]. 地理科学进展, 2010, 29(3): 377-384.

[36] 李雅. 哈尔滨群力国家城市湿地公园雨洪调蓄能力评价[J]. 农业科技与信息(现代园林), 2013(1): 43-50.

[37] 李兆富, 刘红玉, 李燕. HSPF水文水质模型应用研究综述[J]. 环境科学, 2012, 33(7): 2217-2223.

[38] 刘家福, 蒋卫国, 占文凤, 等. SCS模型及其研究进展[J]. 水土保持研究, 2010, 17(2): 120-124.

[39] 刘家福, 李京, 李秀霞. 中美典型水文模型比较研究[J]. 自然灾害学报, 2014, 23(1): 17-23.

[40] 刘杰, 叶晶, 杨婉, 等. 基于GIS的滇池流域景观格局优化[J]. 自然资源学报, 2012, 27(5): 801-808.

[41] 刘兰岚. 上海市中心城区土地利用变化对径流的影响及其水环境效应研究[D]. 上海: 华东师范大学, 2007.

[42] 刘澧沅, 王成新. 城市化对城市气候影响的实证分析——以济南市为例[J]. 资源开发与市场, 2009, 25(2): 115-117, 121.

[43] 刘颂, 章舒雯. 风景园林学中常用的数学分析方法概览[J]. 风景园林, 2014(2): 137-142.

[44] 刘彦随. 区域土地利用优化配置[M]. 北京: 学苑出版社, 1999.

[45] 刘艳红, 郭晋平. 绿地空间分布格局对城市热环境影响的数值模拟分析——以太原市为例[J]. 中国环境科学, 2011, 31(8): 1403-1408.

[46] 刘耀林, 夏寅, 刘殿锋, 等. 基于目标规划与模拟退火算法的土地利用分区优化方法[J]. 武汉大学学报(信息科学版), 2012, 37(7): 762-765.

[47] 陆波, 梁忠民, 余钟波. HEC子模型在降雨径流模拟中的应用研究[J]. 水力发电, 2005, 31(1): 12-14.

[48] 陆小蕾, 赵然杭, 郝玉伟. 基于SWMM的下凹式绿地对城市径流的影响分析[C]// 变化环境下的水资源响应与可持续利用——中国水利学会水资源专业委员会2009学术年会论文集. 大连: 中国水利学会, 2009: 642-648.

[49] 罗鹏，宋星原. 基于栅格式SCS模型的分布式水文模型研究[J]. 武汉大学学报（工学版），2011，44(2): 156-160.

[50] 吕淑华. 城市绿地对径流污染物削减效应的研究[D]. 上海: 华东师范大学，2007.

[51] 马晓宇，朱元励，梅琨，等. SWMM模型应用于城市住宅区非点源污染负荷模拟计算[J]. 环境科学研究，2012，25(1): 95-102.

[52] 莫琳，俞孔坚. 构建城市绿色海绵——生态雨洪调蓄系统规划研究[J]. 城市发展研究，2012，19(5): 130-134.

[53] 聂发辉，李田，宁静. 概率分析法计算下凹式绿地对雨水径流的截留效率[J]. 中国给水排水，2008，24(12): 53-56.

[54] 聂发辉，李田，姚海峰. 上海市城市绿地土壤特性及对雨洪削减效应的影响[J]. 环境污染与防治，2008，30(2): 49-52.

[55] 庞靖鹏，徐宗学，刘昌明. SWAT模型研究应用进展[J]. 水土保持研究，2007，14(3): 31-35.

[56] 任伯帜，邓仁健，李文健. SWMM模型原理及其在霞凝港区的应用[J]. 水运工程，2006(4): 41-44.

[57] 芮孝芳，黄国如. 分布式水文模型的现状与未来[J]. 水利水电科技进展，2004，24(2): 55-58.

[58] 芮孝芳，蒋成煜，张金存. 流域水文模型的发展[J]. 水文，2006，26(3): 22-26.

[59] 石教智，陈晓宏. 流域水文模型研究进展[J]. 水文，2006，26(1): 18-23.

[60] 史培军，袁艺，陈晋. 深圳市土地利用变化对流域径流的影响[J]. 生态学报，2001，21(7): 1041-1049.

[61] 宋云，俞孔坚. 构建城市雨洪管理系统的景观规划途径——以威海市为例[J]. 城市问题，2007(8): 64-70.

[62] 苏泳娴，黄光庆，陈修治，等. 城市绿地的生态环境效应研究进展[J]. 生态学报，2011，31(23): 7287-7300.

[63] 孙瑞，张雪芹. 基于SWAT模型的流域径流模拟研究进展[J]. 水文，2010，30(3): 28-32，47.

[64] 孙贤斌，刘红玉. 基于生态功能评价的湿地景观格局优化及其效应——以江苏盐城海滨湿地为例[J]. 生态学报，2010，30(5): 1157-1166.

[65] 汤江龙. 土地利用规划人工神经网络模型构建及应用研究[D]. 南京: 南京农业大学，2006.

[66] 陶宇，李锋，王如松，等. 城市绿色空间格局的定量化方法研究进展[J]. 生态学报，2013，33(8): 2330-2342.

[67] 田仲，苏德荣，管德义. 城市公园绿地雨水径流利用研究[J]. 中国园林，2008，24(11): 61-65.

[68] 汪琴. 基于"风水格局"理念的城市绿地系统格局探析——以万州区城市绿地系统规划为例[D]. 重庆: 西南大学，2009.

[69] 王力，赵红莉，蒋云钟. HEC-HMS模型在南水北调东线水资源调度中的应用[J]. 南水北调与水利科技，2007，5(6): 58-61.

[70] 王琼. 景观格局优化算法研究[J]. 江苏建筑，2011(6): 13-15.

[71] 王新生，姜友华. 模拟退火算法用于产生城市土地空间布局方案[J]. 地理研究，2004，23(6): 727-735.

[72] 王新伊. 特大型城市绿化系统布局模式研究——以上海市为例[D]. 上海: 同济大学，2007.

[73] 王学，张祖陆，宁吉才. 基于SWAT模型的白马河流域土地利用变化的径流响应[J]. 生态学杂志，2013，32(1): 186-194.

[74] 王云才，崔莹，彭震伟. 快速城市化地区"绿色海绵"雨洪调蓄与水处理系统规划研究: 以辽宁康平卧龙湖生态保护区为例[J]. 风景园林，2013(2): 60-67.

[75] 王中根，刘昌明，吴险峰. 基于DEM的分布式水文模型研究综述[J]. 自然资源学报，2003，18(2): 168-173.

[76] 邬建国. 景观生态学——格局、过程、尺度与等级[M]. 北京: 高等教育出版社，2000.

[77] 吴险峰，刘昌明. 流域水文模型研究的若干进展[J]. 地理科学进展，2002，21(4): 341-348.

[78] 武晟，解建仓，汪志荣，等. 基于支持向量机的绿地径流系数预测模型的建立[J]. 沈阳农业大学学报，2007，38(1): 102-105.

[79] 夏涛. 论生态化城市绿地规划与设计[D]. 北京: 清华大学，2003.

[80] 徐兴根. 城市园林绿地中的雨洪控制利用研究[D]. 杭州: 浙江农林大学，2013.

[81] 徐宗学. 水文模型: 回顾与展望[J]. 北京师范大学学报（自然科学版），2010，46(3): 278-289.

[82] 许浩. 城市景观规划设计理论与技法[M]. 北京: 中国建筑工业出版社，2006.

[83] 许涛, 王春连, 洪敏. 基于灰箱模型的中国城市内涝弹性评价[J]. 城市问题, 2015(4): 2-11.

[84] 许有鹏, 丁瑾佳, 陈莹. 长江三角洲地区城市化的水文效应研究[J]. 水利水运工程学报, 2009(4): 67-73.

[85] 薛亦峰, 王晓燕, 王立峰, 等. 基于HSPF模型的大阁河流域径流量模拟[J]. 环境科学与技术, 2009, 32(10): 103-107.

[86] 杨珏, 黄利群, 李灵军, 等. 城市暴雨过程对下凹式绿地设计参数的影响研究[J]. 水文, 2011, 31(2): 58-61.

[87] 杨青娟. 基于可持续雨洪管理的城市建成区绿地系统优化研究[D]. 成都: 西南交通大学, 2013.

[88] 杨晓勇, 李永贵. 混合整数线性规划方法在小流域规划中的应用[J]. 海河水利, 1994(5): 32-35.

[89] 叶水根, 刘红, 孟光辉. 设计暴雨条件下下凹式绿地的雨水蓄渗效果[J]. 中国农业大学学报, 2001, 6(6): 53-58.

[90] 殷学文, 俞孔坚, 李迪华. 城市绿地景观格局对雨洪调蓄功能的影响[C] //持续发展理性规划: 2014中国城市规划年会论文集. 北京: 中国建筑工业出版社, 2014: 1-20.

[91] 尹海伟, 孔繁花, 祈毅, 等. 湖南省城市群生态网络构建与优化[J]. 生态学报, 2011, 31(10): 2863-2874.

[92] 尹海伟, 孔繁花, 宗跃光. 城市绿地可达性与公平性评价[J]. 生态学报, 2008, 28(7): 3375-3383.

[93] 于苏俊, 张继. 遗传算法在多目标土地利用规划中的应用[J]. 中国人口·资源与环境, 2006, 16(5): 62-66.

[94] 俞孔坚, 段铁武, 李迪华, 等. 景观可达性作为衡量城市绿地系统功能指标的评价方法与案例[J]. 城市规划, 1999(8): 7-10.

[95] 俞孔坚, 李迪华. 城市河道及滨水地带的"整治"与"美化"[J]. 现代城市研究, 2003, 18(5): 29-32.

[96] 俞孔坚, 李迪华, 段铁武. 敏感地段的景观安全格局设计及地理信息系统应用——以北京香山滑雪场为例[J]. 中国园林, 2001(1): 11-16.

[97] 俞孔坚, 李迪华, 刘海龙. "反规划"途径[M]. 北京: 中国建筑工业出版社, 2005.

[98] 俞孔坚，李迪华，刘海龙，等.基于生态基础设施的城市空间发展格局——"反规划"之台州案例[J]. 城市规划，2005，29(9): 76-80.

[99] 俞孔坚，李迪华，袁弘，等."海绵城市"理论与实践[J]. 城市规划，2015，39(6): 26-36.

[100] 俞孔坚，许涛，李迪华，等.城市水系统弹性研究进展[J]. 城市规划学刊，2015(1): 75-83.

[101] 俞孔坚，叶正.论城市景观生态过程与格局的连续性: 以中山市为例[J]. 城市规划，1998(4): 14-17.

[102] 袁雯，杨凯，唐敏，等.平原河网地区河流结构特征及其对调蓄能力的影响[J]. 地理研究，2005，24(5): 717-724.

[103] 岳隽，王仰麟，李贵才，等.基于水环境保护的流域景观格局优化理念初探[J]. 地理科学进展，2007，26(3): 38-46.

[104] 翟玥，尚晓，沈剑，等.SWAT模型在洱海流域面源污染评价中的应用[J]. 环境科学研究，2012，25(6): 666-671.

[105] 张彪，谢高地，薛康，等.北京城市绿地调蓄雨水径流功能及其价值评估[J]. 生态学报，2011，31(13): 3839-3845.

[106] 张冬冬，严登华，王义成，等.城市内涝灾害风险评估及综合应对研究进展[J]. 灾害学，2014，29(1): 144-149.

[107] 张惠远，王仰麟.土地资源利用的景观生态优化方法[J]. 地学前缘，2000(S2): 112-120.

[108] 张建云，王国庆，杨扬，等.气候变化对中国水安全的影响研究[J]. 气候变化研究进展，2008，4(5): 290-295.

[109] 张洁.基于雨洪安全的城市绿地量化研究——以北京市的自然条件为例[D]. 北京: 北京林业大学，2013.

[110] 张金存，芮孝芳.分布式水文模型构建理论与方法述评[J]. 水科学进展，2007，18(2): 286-292.

[111] 张利权，甄彧.上海市景观格局的人工神经网络(ANN)模型[J]. 生态学报，2005(5): 958-964.

[112] 张小飞，王仰麟，李正国.基于景观功能网络概念的景观格局优化——以台湾地区乌溪流域典型区为例[J]. 生态学报，2005(7): 1707-1713.

[113] 张饮江, 董悦, 金晶. 世博园后滩水域生态修复与景观设计[J]. 园林, 2010(8): 18-21.

[114] 张智, 相士卿. 山地城市内涝防治与雨水利用的思考[J]. 给水排水, 2011, 37(12): 140-141.

[115] 章戈. 基于土地利用格局优化的雨洪管理模式研究[D]. 杭州: 浙江大学, 2013.

[116] 赵丹, 李锋, 王如松. 基于生态绿当量的城市土地利用结构优化——以宁国市为例[J]. 生态学报, 2011, 31(20): 6242-6250.

[117] 赵晶. 北京城市内涝特征及景观系统的雨洪调蓄潜力[D]. 北京: 北京大学, 2012.

[118] 赵晶. 城市化背景下的可持续雨洪管理[J]. 国际城市规划, 2012, 27(2): 114-119.

[119] 赵晶, 李迪华. 城市化背景下的雨洪管理途径——基于低影响发展的视角[J]. 城市问题, 2011(9): 95-101.

[120] 赵人俊. 流域水文模拟——新安江模型与陕北模型[M]. 北京: 水利电力出版社, 1984.

[121] 郑长统, 梁虹, 舒栋才, 等. 基于GIS和RS的喀斯特流域SCS产流模型应用[J]. 地理研究, 2011, 30(1): 185-194.

[122] 周翠宁, 任树梅, 闫美俊. 曲线数值法(SCS模型)在北京温榆河流域降雨-径流关系中的应用研究[J]. 农业工程学报, 2008, 24(3): 87-90.

[123] 周丰, 彭小金, 李玉来. 下凹式绿地对城市雨水径流和汇流的影响[J]. 东北水利水电, 2007, 25(10): 10-11.

[124] 周廷刚, 郭达志. 基于GIS的城市绿地景观引力场研究——以宁波市为例[J]. 生态学报, 2004(6): 1157-1163.

[125] 周志翔, 邵天一, 唐万鹏, 等. 城市绿地空间格局及其环境效应——以宜昌市中心城区为例[J]. 生态学报, 2004, 24(2): 186-192.

[126] 朱磊, 刘雅轩. 基于GIS和元胞自动机的玛纳斯河流域①典型绿洲景观格局优化[J]. 干旱区地理, 2013, 36(5): 946-954.

[127] 左军. 多目标决策分析[M]. 杭州: 浙江大学出版社, 1991.

[128] 朱元甡, 金光炎. 城市水文学[M]. 北京: 中国科学技术出版社, 1991.

[129] ALLEN H E, BEJCEK R M. Effects of urbanization on the magnitude and frequency of floods in northeastern Illinois[R]. US Geological Survey. Water-Resources Investigations 79-36 Report, 1979.

[130] ALLEY W M, VEENHUIS J E. Effective impervious area in urban runoff modeling [J]. Journal of Hydraulic Engineering, 1983, 109 (2): 313-319.

[131] ARNOLD J G, ALLEN P M. Estimating hydrologic budgets for three Illinois watersheds[J]. Journal of Hydrology, 1996, 176(1): 57-77.

[132] ARNOLD J G, ALLEN P M, BERNHARDT G. A comprehensive surface-groundwater flow model [J]. Journal of Hydrology, 1993, 142(1): 47-69.

[133] ARNOLD J G, SRINIVASAN R, MUTTIAH R S, et al. Continental scale simulation of the hydrologic balance[J]. JAWRA Journal of the American Water Resources Association, 1999, 35(5): 1037-1051.

[134] ARNOLD J G, SRINIVASAN R, MUTTIAH R S, et al. Large area hydrologic modeling and assessment part i: model development[J]. JAWRA Journal of the American Water Resources Association, 1998, 34(1): 73-89.

[135] BARBOSA O, TRATALOS J A, ARMSWORTH P R, et al. Who benefits from access to green space? A case study from Sheffield, UK [J]. Landscape and Urban Planning, 2007, 83(2): 187-195.

[136] BAUTISTA S, MAYOR A G, BOURAKHOUADAR J, et al. Plant spatial pattern predicts hillslope runoff and erosion in a semiarid Mediterranean landscape [J]. Ecosystems, 2007, 10(6): 987-998.

[137] BEARDSLEY K, THORNE J H, ROTH N E, et al. Assessing the influence of rapid urban growth and regional policies on biological resources[J]. Landscape and Urban Planning, 2009, 93(3/4): 172-183.

[138] BENGTSSON L, GRAHN L, OLSSON J. Hydrological function of a thin extensive green roof in Southern Sweden[J]. Hydrology Research, 2005, 36 (3): 259-268.

[139] BENNETT T, DONNER A, EGGERS D, et al. Challenges of developing a rain-on-snow grid-based hydrologic model with HEC-HMS for the Willow Creek Watershed, Oregon[C]//World Water and Environmental Resources Congress 2003, Philadelphia, Pennsylvania, United States: American Society of Civil Engineers, 2003: 3253-3262.

[140] BERGSTROM S. Development and application of a conceptual runoff model for Scandinavian catchments[R]. Norcopping, Sweden: Sweden Meteorological and Hydrological Institute, 1976.

[141] BERNATZKY A. The effects of trees on the urban climate[M]//Trees in the 21st Century. Berkhamsted, UK: AB Academic Publishers, 1983: 59-76.

[142] BERNDTSSON J C. Green roof performance towards management of runoff water quantity and quality: a review [J]. Ecological Engineering, 2010, 36(4): 351-360.

[143] BEVEN K J, KIRKBY M J. A physically based, variable contributing area model of basin hydrology [J]. Hydrological Sciences Journal, 1979, 24(1): 43-69.

[144] BEVEN K J. Rainfall-runoff modelling: the primer [M]. 2nd ed. Oxford, UK: John Wiley & Sons, 2012.

[145] BICKNELL B R, IMHOFF J C, KITTLE J L Jr, et al. Hydrological simulation program-Fortran: HSPF version 12 user's manual[R]. California, USA: EPA, 2001.

[146] BINGNER R, THEURER F, YUAN Y. AnnAGNPS technical processes: documentation version 2[R]. Oxford, MS: USDA-ARS, National Sedimentation Laboratory, 2001.

[147] BLISS D J, NEUFELD R D, RIES R J. Storm water runoff mitigation using a green roof[J]. Environmental Engineering Science, 2009, 26(2): 407-418.

[148] BOOTH D B, JACKSON C R. Urbanization of aquatic systems: degradation thresholds, stormwater detection, and the limits of mitigation[J]. Journal of the American Water Resources Association, 1997, 33(5): 1077-1090.

[149] BRABEC E, SCHULTE S, RICHARDS P L. Impervious surfaces and water quality: a review of current literature and its implications for watershed planning [J]. Journal of Planning Literature, 2002, 16(4): 499-514.

[150] BREZONIK P L, STADELMANN T H. Analysis and predictive models of stormwater runoff volumes, loads, and pollutant concentrations from watersheds in the Twin Cities Metropolitan Area, Minnesota, USA[J]. Water Research, 2002, 36(7): 1743-1757.

[151] BRODY S D, HIGHFIELD W E. Open space protection and flood mitigation: a national study [J]. Land Use Policy, 2013, 32: 89-95.

[152] BURNASH R J, FERRAL R L, MCGUIRE R A. A generalized streamflow simulation system: conceptual modeling for digital computers[M]. Sacramento, Calif.: US Department of Commerce, National Weather Service, and State of California, Department of Water Resources, 1973.

[153] CABE. Using green infrastructure to alleviate flood risk[R]. 2011.

[154] CARTER T L, RASMUSSEN T C. Hydrologic behavior of vegetated roofs [J]. Journal of the American Water Resources Association, 2006, 42(5): 1261-1274.

[155] CENSOR Y. Pareto optimality in multiobjective problems [J]. Applied Mathematics and Optimization, 1977, 4(1): 41-59.

[156] CHIN G K, VAN-NIEL K P, GILES-CORTI B, et al. Accessibility and connectivity in physical activity studies: the impact of missing pedestrian data[J]. Preventive Medicine, 2008, 46(1): 41-45.

[157] CLARKE R T. A review of some mathematical models used in hydrology, with observations on their calibration and use [J]. Journal of Hydrology, 1973, 19(1): 1-20.

[158] CLARKSON B D, WEHI P M, BRABYN L K. A spatial analysis of indigenous cover patterns and implications for ecological restoration in urban centres, New Zealand [J]. Urban Ecosystems, 2007, 10(4): 441-457.

[159] COLDING J. "Ecological land-use complementation" for building resilience in urban ecosystems [J]. Landscape and Urban Planning, 2007, 81(1): 46-55.

[160] CORONA P, SALVATI R, BARBATI A, et al. Land suitability for short rotation coppices assessed through fuzzy membership functions[M]// Patterns and processes in forest landscapes. Dordrecht: Springer, 2008: 191-211.

[161] CRAWFORD N H, LINSLEY R K. Digital simulation in hydrology Stanford watershed model 4[R]. UK: Road Research Laboratory, 1966.

[162] CROSSMAN N D, BRYAN, B A, OSTENDORF B, et al. Systematic landscape restoration in the rural-urban fringe: meeting conservation planning and policy goals[J]. Biodiversity and Conservation, 2007, 16(13): 3781-3802.

[163] CUTTS B B, DARBY K J, BOONE C G. City structure, obesity, and environmental justice: an integrated analysis of physical and social barriers to walkable streets and park access [J]. Social Science and Medicine, 2009, 69(9): 1314-1322.

[164] DAI D. Racial/ethnic and socioeconomic disparities in urban green space accessibility: where to intervene? [J]. Landscape and Urban Planning, 2011, 102(4): 234-244.

[165] DAVIS A P. Field performance of bioretention: hydrology impacts [J]. Journal of Hydrologic Engineering, 2008, 13(2): 90-95.

[166] DAVIS A P, HUNT W F, Traver R G, et al. Bioretention technology: overview of current practice and future needs[J]. Journal of Environmental Engineering, 2009, 135(3): 109-117.

[167] DAWSON C W, ABRAHART R J, SHAMSELDIN A Y, et al. Flood estimation at ungauged sites using artificial neural networks[J]. Journal of Hydrology, 2006, 319(1/4): 391-409.

[168] DE BRUIJN K M, KARIN F. Resilient flood risk management strategies [C]//29th IAHR (International Association of Hydraulic Engineering and Research) congress proceedings theme C: forecasting and mitigation of water-related disasters. Beijing: Tsinghua University Press, 2001: 450-457.

[169] DE GROOT R S. Functions of nature: evaluation of nature in environmental planning, management and decision making[M]. Groningen: Wolters-Noordhoff BV, 1992.

[170] DEBUSK K, WYNN T. Storm-water bioretention for runoff quality and quantity mitigation [J]. Journal of Environmental Engineering, 2011, 137(9): 800-808.

[171] DENARDO J C, JARRETT A R, MANBECK H B, et al. Stormwater mitigation and surface temperature reduction by green roofs[J]. Transactions of the ASABE, 2005, 48(4): 1491-1496.

[172] DIETZ M E, CLAUSEN J C. A field evaluation of rain garden flow and pollutant treatment [J]. Water, Air and Soil Pollution, 2005, 167(1/4): 123-138.

[173] DOOGE J. Linear theory of hydrologic systems[M]. Washington D. C. : Agricultural Research Service, US Department of Agriculture, 1973.

[174] ECKHARDT K, ARNOLD J G. Automatic calibration of a distributed catchment model [J]. Journal of Hydrology, 2001, 251(1/2): 103-109.

[175] EPA. Managing stormwater with low impact development practices: Addressing barriers to LID[R]. New England: EPA, 2009.

[176] FELDMAN A D. Hydrologic modeling system HEC-HMS: technical reference manual[M]. Davis, CA: US Army Corps of Engineers, Hydrologic Engineering Center, 2000.

[177] FORMAN R T. Land mosaics: the ecology of landscapes and regions [M]. Cambridge: Cambridge University Press, 1995.

[178] FRANCZYK J, CHANG H. The effects of climate change and urbanization on t he runoff of the Rock Creek basin in the Portland metropolitan area, Oregon, USA[J]. Hydrological Processes, 2009, 23(6): 805-815.

[179] FREEMAN R C, BELL K P. Conservation versus cluster subdivisions and implications for habitat connectivity [J]. Landscape and Urban Planning, 2010, 101(1): 30-42.

[180] FREEZE R A, HARLAN R L. Blueprint for a physically-based, digitally-simulated hydrologic response model[J]. Journal of Hydrology, 1969, 9(3): 237-258.

[181] GUL A, GEZER A, KANE B. Multi-criteria analysis for locating new urban forests: an example from Isparta, Turkey [J]. Urban Forestry & Urban Greening, 2006, 5(2): 57-71.

[182] GUL G O, HARMANCOGLU N, GUL A. A combined hydrologic and hydraulic modeling approach for testing efficiency of structural flood control measures [J]. Natural Hazards, 2010, 54(2): 245-260.

[183] GEETHA K, MISHRA S K, ELDHO T I, et al. SCS-CN-based continuous simulation model for hydrologic forecasting[J]. Water Resources Management, 2008, 22(2): 165-190.

[184] GETTER K L, ROWE D B, ANDRESEN J A. Quantifying the effect of slope on extensive green roof stormwater retention [J]. Ecological Engineering, 2007, 31(4): 225-231.

[185] GILL S E, HANDLEY J E, ENNOS A R, et al. Adapting cities for climate change: the role of the green infrastructure [J]. Built Environment, 2007, 33(1): 115-133.

[186] GOLANY G S. Urban design morphology and thermal performance [J]. Atmospheric Environment, 1996, 30(3): 455-465.

[187] GOLANY G S. Urban design morphology and thermal performance[J]. Atmospheric Environment, 1996, 30(3): 455-465.

[188] HAHS A K, MCDONNELL M J. Selecting independent measures to quantify Melbourne's urban-rural gradient[J]. Landscape and Urban Planning, 2006, 78(4): 435-448.

[189] SHAH M D, ATIQUL H A Q. Urban green spaces and an integrative approach to sustainable environment [J]. Journal of Environmental Protection, 2011(5): 601-608.

[190] HARBOR J M. A practical method for estimating the impact of land-use change on surface runoff, groundwater recharge and wetland hydrology [J]. Journal of the American Planning Association, 1994, 60(1): 95-108.

[191] HEINZE J. Benefits of green space: recent research[R]. Chantilly, VA, USA: Environmental Health Research Foundation, 2011.

[192] HEPCAN S. Analyzing the pattern and connectivity of urban green spaces: a case study of Izmir, Turkey [J]. Urban Ecosystems, 2013, 16(2): 279-293.

[193] HOLLAND J H. Adaptation in natural and artificial systems: an introductory analysis with applications to biology, control, and artificial intelligence [M]. Ann Arbor: University of Michigan Press, 1975.

[194] HOLLIS G E. The effect of urbanization on floods of different recurrence interval [J]. Water Resources Research, 1975, 11(3): 431-435.

[195] HOLZKAMPER A, SEPPELT R. A generic tool for optimising land-use patterns and landscape structures [J]. Environmental Modelling & Software, 2007, 22(12): 1801-1804.

[196] HUANG C W, LIN Y P, DING T S, et al. Developing a cell-based spatial optimization model for land-use patterns planning[J]. Sustainability, 2014, 6(12): 9139-9158.

[197] JANG S, CHO M, YOON J. Using SWMM as a tool for hydrologic impact assessment [J]. Desalination, 2007, 212(1/3): 344 - 356.

[198] JANKOWSKI P, LIGMANN-ZIELINSKA A, CHURCH R. Spatial optimization as a generative technique for sustainable multiobjective land-use allocation [J]. International Journal of Geographical Information Science, 2008, 22(6): 601-622.

[199] JEONG M H. Spatial optimization for managing surface runoff from urbanization: parameterization and application of a spatial runoff minimization model[D]. West Lafayette, USA: Purdue University, 2011.

[200] JI F Q, Chu J L. A study of the designing and planning of the urban green space landscape-based on the service function of the green ecosystem[J]. Applied Mechanics and Materials, 2012, 174-177: 2646-2649.

[201] JIM C Y. Green-space preservation and allocation for sustainable greening of compact cities [J]. Cities, 2004, 21(4): 311-320.

[202] JIM C Y, CHEN S S. Comprehensive greenspace planning based on landscape ecology principles in compact Nanjing city, China [J]. Landscape and Urban Planning, 2003, 65(3): 95-116.

[203] KESSEL A, GREEN J, PINDER R, et al. Multidisciplinary research in public health: a case study of research on access to green space[J]. Public Health, 2009, 123(1): 32-38.

[204] KHOKHANI V H, GUNDALIYA P J. Green solutions to manage urban stormwater runoff in Rajkot city[J]. International Journal of Darshan Institute on Engineering Research & Emerging Technologies, 2013, 1(1): 10-13.

[205] KIRKPATRICK S, GELATT C D, VECCHI M P. Optimization by simulated annealing [J]. Science, 1983, 220(4598): 671-680.

[206] KLUCK J, CLAESSEN E G, BLOK G M, et al. Modelling and mapping of urban storm water flooding - communication and prioritizing actions through mapping urban flood resilience[C]//7th International Conference on sustainable techniques and strategies for urban water management. Lyon, France: GRAIE, 2010: 1-8.

[207] KNAAPEN J P, SCHEFFER M, HARMS B. Estimating habitat isolation in landscape planning [J]. Landscape and Urban Planning, 1992, 23(1): 1-16.

[208] KNEBL M R, YANG Z L, HUTCHISON K, et al. Regional scale flood modeling using NEXRAD rainfall, GIS, and HEC-HMS/RAS: a case study for the San Antonio River Basin Summer 2002 storm event[J]. Journal of Environmental Management, 2005, 75(4): 325-336.

[209] KONG F, YIN H. Developing green space ecological networks in Jinan city[J]. Acta Ecologica Sinica, 2008, 28(4): 1711-1719.

[210] KONG F, YIN H, NAKAGOSHI N, et al. Urban green space network development for biodiversity conservation: identification based on graph theory and gravity modeling [J]. Landscape and Urban Planning, 2010, 95(1/2): 16-27.

[211] KOOPMANS T C. Analysis of production as an efficient combination of activities[M]// KOOPMANS T C. Activity analysis of production and allocation. New York: Wiley, 1951: 31-97.

[212] KOURGIALAS N N, KARATZAS G P, NIKOLAIDIS N P. An integrated framework for the hydrologic simulation of a complex geomorphological river basin [J]. Journal of Hydrology, 2010, 381(3/4): 308-321.

[213] Kovacs K F. Open space allocation and travel costs[R]. Montreal, Canada: American Agricultural Economics Association (New Name 2008: Agricultural and Applied Economics Association), 2003.

[214] KURFIS J M, BIERMAN P R, NICHOLS K K, et al. Green university town succumbs to blacktop: quantifying the increase in impermeable surfaces and runoff through time[C]//Geological Society of America 2001 Annual Meeting. Boston, Massachusetts: Geological Society of America, 2001, 32(7): 179.

[215] KURTZ T. Managing street runoff with green streets[M]// SHE N, CHAR M. Low Impact Development for Urban Ecosystem and Habitat Protection. Cambridge: Environmental Sciences and Pollution Management, 2009: 1-10.

[216] LA GRECA P, LA ROSA D, MARTINICO F, et al. Agricultural and green infrastructures: the role of non-urbanised areas for eco-sustainable planning in a metropolitan region [J]. Environmental Pollution, 2011, 159(8/9): 2193-2202.

[217] LANGE N T. New mathematical approaches in hydrological modeling-an application of artificial neural networks [J]. Physics and Chemistry of the Earth, Part B: Hydrology, Oceans and Atmosphere, 1999, 24(1): 31-35.

[218] LEE J Y, MOON H J, KIM T I, et al. Quantitative analysis on the urban flood mitigation effect by the extensive green roof system[J]. Environmental Pollution, 2013, 181: 257-261.

[219] LEE S, YOON C, JUNG K W, et al. Comparative evaluation of runoff and water quality using HSPF and SWMM [J]. Water Science and Technology, 2010, 62(6): 1401-1409.

[220] LEK S, GUEGAN J F. Artificial neural networks as a tool in ecological modelling, an introduction [J]. Ecological Modelling, 1999, 120(2/3): 65-73.

[221] LEKKAS D F. Using complementary methods for improved flow forecasting [J]. Hydrological Sciences Journal, 2008, 53(4): 696-705.

[222] LETT C, SILBER C, DUBE P, et al. Forest dynamics: a spatial gap model simulated on a cellular automata network [J]. Canadian Journal of Remote Sensing, 1999, 25(4): 403-411.

[223] LEVIN N, LAHAV H, RAMON U, et al. Landscape continuity analysis: a new approach to conservation planning in Israel [J]. Landscape and Urban Planning, 2007, 79(1): 53-64.

[224] LI X W, ZHANG L, LIANG C. A GIS-based buffer gradient analysis on spatiotemporal dynamics of urban expansion in Shanghai and its major satellite cities [J]. Procedia Environmental Sciences, 2010, 2: 1139-1156.

[225] LIVINGSTON E H, MCCARRON E. Stormwater management: a guide for Floridians[R]. Tallahassee: Florida Department of Environmental Regulation, 1992.

[226] LOOKINGBILL T R, ELMORE A J, ENGELHARDT, K A, et al. Influence of wetland networks on bat activity in mixed-use landscapes[J]. Biological Conservation, 2010, 143(4): 974-983.

[227] LYLE J T. Design for human ecosystems: landscape, land use, and natural resources [M]. New York, USA: Van Nostrana Reinhold, Comp Ltd. , 1985.

[228] MA S, HE J H, LIU F, et al. Land-use spatial optimization based on PSO algorithm [J]. Geo-Spatial Information Science, 2011, 14(1): 54-61.

[229] MCCULLOCH W, PITTS W. A logical calculus of the ideas immanent in nervous activity [J]. The Bulletin of Mathematical Biophysics, 1943, 5(4): 115-133.

[230] MCPHERSON M B. Hydrological effects of urbanization: Report of the sub-group on the effects of urbanization on the hydrological environment of the co-ordinating council of the international hydrological decade[R]. [S. L.]: Unesco Press, 1974.

[231] MEENU R, REHANA S, MUJUMDAR P P. Assessment of hydrologic impacts of climate change in Tunga-Bhadra river basin, India with HEC-HMS and SDSM[J]. Hydrological Processes, 2013, 27(11): 1572-1589.

[232] MENTENS J, RAES D, HERMY M. Green roofs as a tool for solving the rainwater runoff problem in the urbanized 21st century? [J]. Landscape and Urban Planning, 2005, 77(3): 217-226.

[233] MONTERUSSO M A, ROWE D B, RUGH C L, et al. Runoff water quantity and quality from green roof systems[J]. Acta Horticulturae, 2004, (639): 369-376.

[234] MORAN A, HUNT B, SMITH J. Hydrologic and water quality performance from greenroofs in Goldsboro and Raleigh, North Carolina[C]//Proceedings of the third annual international greening rooftops for sustainable communities conference, awards and trade show. Toronto, Canada: Green Roofs for Healthy Cities, 2005: 512-525.

[235] MOTE T L, LACKE M C, SHEPHERD J M. Radar signatures of the urban effect on precipitation distribution: a case study for Atlanta, Georgia [J]. Geophysical Research Letters, 2007, 34(20): 1-4.

[236] NEUVONEN M, SIEVANEN T, TÖNNES S, et al. Access to green areas and the frequency of visits-a case study in Helsinki[J]. Urban Forestry & Urban Greening, 2007, 6(4): 235-247.

[237] NICHOL J E, WONG M S, CORLETT R, et al. Assessing avian habitat fragmentation in urban areas of Hong Kong (Kowloon) at high spatial resolution using spectral unmixing[J]. Landscape and Urban Planning, 2009, 95(1): 54-60.

[238] OHMAN K, ERIKSSON L A. Allowing for spatial consideration in long-term forest planning by linking linear programming with simulated annealing [J]. Forest Ecology and Management, 2002, 161(1/3): 221-230.

[239] OSTENDORF M, RETZLAFF W, THOMPSON K, et al. Storm water runoff from green retaining wall systems[C]//Ninth Annual Green Roof and Wall Conference. Philadelphia, USA: CitiesAlive, 2011.

[240] PARDALOS P M, MIGDALAS A, PITSOULIS L. Pareto optimality, game t heory and equilibria[M]. Berlin, Germany: Springer Science & Business Media, 2008.

[241] PARK S Y, LEE K W, PARK I H. Effect of the aggregation level of surface runoff fields and sewer network for a SWMM simulation [J]. Desalination, 2008, 226(1/3): 328-337.

[242] PECHLIVANIDIS I, JACKSON B, MCINTYRE N, et al. Catchment scale hydrological modelling: a review of model types, calibration approaches and uncertainty analysis methods in the context of recent developments in technology and applications[J]. Global NEST Journal, 2011, 3(3): 193-214.

[243] PENG L, CHEN S, LIU Y, et al. Application of CITYgreen model in benefit assessment of Nanjing urban green space in carbon fixation and runoff reduction [J]. Frontiers of Forestry in China, 2008, 3(2): 177-182.

[244] PEREIRA M, SEGURADO P, NEVES N. Using spatial network structure in landscape management and planning: a case study with pond turtles [J]. Landscape and Urban Planning, 2011, 100(1/2): 67-76.

[245] PIJANOWSKI B C, BROWN D G, SHELLITO B A, et al. Using neural networks and GIS to forecast land use changes: a land transformation model [J]. Computers, Environment and Urban Systems, 2002, 26(6): 553-575.

[246] RAMANAND P. A nonlinear hydrologic system response model [J]. Journal of the Hydraulics Division, 1967, 93(4): 201-222.

[247] PRASKIEVICZ S, CHANG H J. A review of hydrological modelling of basin-scale climate change and urban development impacts [J]. Progress in Physical Geography, 2009, 33(5): 650-671.

[248] PRASKIEVICZ S, CHANG H. Impacts of climate change and urban development on water resources in the Tualatin River Basin, Oregon [J]. Annals of the Association of American Geographers, 2011, 101(2): 249-271.

[249] Prince George's County. Design manual for use of bioretention in stormwater management[R]. Landover, MD: Prince George's County Govt., Watershed Protection Branch, 1993.

[250] QURESHI S, BREUSTE J H., LINDLEY S J. Green space functionality along an urban gradient in Karachi, Pakistan: a socio-ecological study [J]. Human Ecology, 2010, 38(2): 283-294.

[251] RAFIEE R, MAHINY A S, KHORASANI N. Assessment of changes in urban green spaces of Mashad city using satellite data [J]. International Journal of Applied Earth Observation and Geoinformation, 2009, 11(6): 431-438.

[252] RAMAKRISHNAN D, BANDYOPADHYAY A, KUSUMA K N. SCS-CN a nd GIS-based approach for identifying potential water harvesting sites in the Kali Watershed, Mahi River Basin, India [J]. Journal of Earth System Science, 2009, 118(4): 355-368.

[253] RAMAKRISHNAN D, BANDYOPADHYAY A, KUSUMA K N. SCS-CN and GIS-based approach for identifying potential water harvesting sites in the Kali Watershed, Mahi River Basin, India [J]. Journal of Earth System Science, 2009, 118(4): 355-368.

[254] ROSSMAN L A. Storm water management model user's manual, version 5. 0[M]. Cincinnati: National Risk Management Research Laboratory, Office of Research and Development, US Environmental Protection Agency, 2010.

[255] ROY-POIRIER A, CHAMPAGNE P, FILION Y. Review of bioretention system research and design: past, present, and future [J]. Journal of Environmental Engineering, 2010, 136(9): 878-889.

[256] SAHU R K, MISHRA S K, ELDHO T I. Comparative evaluation of SCS-CN-inspired models in applications to classified datasets [J]. Agricultural Water Management, 2010, 97(5): 749-756.

[257] SANSALONE J, RAJE S, KERTESZ R, et al. Retrofitting impervious urban infrastructure with green technology for rainfall-runoff restoration, indirect reuse and pollution load reduction[J]. Environmental Pollution, 2013, 183: 204-212.

[258] SANTE-RIVEIRA I, BOULLON-MAGAN M, CRECENTE-MASEDA R, et al. Algorithm based on simulated annealing for land-use allocation[J]. Computers & Geosciences, 2008, 34(3): 259-268.

[259] SANTHI C, SRINIVASAN R, ARNOLD J G, et al. A modeling approach to evaluate the impacts of water quality management plans implemented in a watershed in Texas [J]. Environmental Modelling & Software, 2006, 21(8): 1141-1157.

[260] SATHIAMURTHY E, GOH K C, CHAN N W. Loss of storage areas due to future urbanization at upper Rambai river and its hydrological impact on Rambai Valley, Penang, Peninsular Malaysia [J]. Journal of Physical Science, 2007, 18(2): 59-79.

[261] SCHOLES L, REVITT D M, FORSHAW M, et al. The treatment of metals in urban runoff by constructed wetlands [J]. Science of the Total Environment, 1998, 214(1/3): 211-219.

[262] SCHUELER T R. The importance of imperviousness[J]. Watershed Protection Techniques, 1994, 1(3): 100-111.

[263] SHADEED S, ALMASRI M. Application of GIS-based SCS-CN method in West Bank catchments, Palestine[J]. Water Science and Engineering, 2010, 3(1): 1-13.

[264] SHEPHERD J M. Evidence of urban-induced precipitation variability in arid climate regimes [J]. Journal of arid environments, 2006, 67(4): 607-628.

[265] SHERMAN L K. Streamflow from rainfall by the unit-graph method[J]. Engineering News Record, 1932, 108: 501-505.

[266] SHUSTER W D, BONTA J, THURSTON H, et al. Impacts of impervious surface on watershed hydrology: a review [J]. Urban Water Journal, 2005, 2(4): 263-275.

[267] SIMMONS M, GARDINER B, WINDHAGER S, et al. Green roofs are not created equal: the hydrologic and thermal performance of six different extensive green roofs and reflective and non-reflective roofs in a sub-tropical climate[J]. Urban Ecosystems, 2008, 11: 339-348.

[268] SINGH P K, BHUNYA P K, MISHRA S K, et al. A sediment graph model based on SCS-CN method [J]. Journal of Hydrology, 2008, 349(1-2): 244-255.

[269] SINGH V P. Computer models of watershed hydrology[M]. Highlands Ranch, Colorado: Water Resources Publications, 1995.

[270] SINGH V P, FREVERT D K. Watershed models[M]. Boca Raton, Florida, USA: CRC Press, 2005.

[271] SINGH V P, WOOLHISER D A. Mathematical modeling of watershed hydrology [J]. Journal of Hydrologic Engineering, 2002, 7(4/5): 270-292.

[272] Soil Conservation Service. National engineering handbook, section 4: hydrology [M]. Washington D. C. : USDA, 1972.

[273] SORENSEN M, SMIT J, BARZETTI V. Good practices for urban greening[R]. Washington D. C. , USA: Inter-American Development Bank, 1997.

[274] SU W, GU C, YANG G, et al. Measuring the impact of urban sprawl on natural landscape pattern of the Western Taihu Lake watershed, China [J]. Landscape and Urban Planning, 2009, 95(1): 61-67.

[275] SUGAWARA M. Tank model and its application to Bird Creek, Wollombi Brook, Bikin River, Kitsu River, Sanaga River and Nam Mune[J]. Research Notes of the National Research Center for Disaster Prevention, 1974, 11: 1-64.

[276] SUGAWARA M. Tank model[M]//SINGH, V. P. Computer models of watershed hydrology. Highlands Ranch, Colorado: Water Resources Publications, 1995: 165-214.

[277] SVORAY T, BAR (KUTIEL) P, BANNET T. Urban land-use allocation in a Mediterranean ecotone: Habitat Heterogeneity Model incorporated in a GIS using a multi-criteria mechanism [J]. Landscape and Urban Planning, 2004, 72(4): 337-351.

[278] TALEN E, ANSELIN L. Assessing spatial equity: an evaluation of measures of accessibility to public playgrounds [J]. Environment and Planning A, 1998, 30(4): 595-613.

[279] TANG Z. Minimizing impacts of urbanization on surface runoff: development and application of optimization techniques[D]. West Lafayette, USA: Purdue University, 2004.

[280] TANG Z, ENGEL B A, LIM K J, et al. Minimizing the impact of urbanization on long term runoff [J]. Journal of the American Water Resources Association, 2005, 41(6): 1347-1359.

[281] TIAN Y H, JIM C Y, TAO Y, et al. Landscape ecological assessment of green space fragmentation in Hong Kong[J]. Urban Forestry & Urban Greening, 2010, 10(2): 79-86.

[282] TOBLER W R. A computer movie simulating urban growth in the Detroit Region [J]. Economic Geography, 1970, 46: 234-240.

[283] TURCOTTE R, ROUSSEAU A N, MASSICOTTE S, et al. Determination of the drainage structure of a watershed using a digital elevation model and a digital river and lake network[J]. Journal of Hydrology, 2001, 240(3-4): 225-242.

[284] TURNER T. Landscape planning[M]. London: Hutchinson Education, 1987.

[285] UY P D, NAKAGOSHI N. Analyzing urban green space pattern and eco-network in Hanoi, Vietnam [J]. Landscape and Ecological Engineering, 2007, 3(2): 143-157.

[286] VANWOERT N D, ROWE D B, ANDRESEN J A, et al. Green roof stormwater retention: effects of roof surface, slope, and media depth[J]. Journal of Environmental Quality, 2005, 34(3): 1036-1044.

[287] VERMA A K, JHA M K, MAHANA R K. Evaluation of HEC-HMS and WEPP for simulating watershed runoff using remote sensing and geographical information system[J]. Paddy and Water Environment, 2010, 8(2): 131-144.

[288] VERSTRAETEN G, POESEN J. The nature of small-scale flooding, muddy floods and retention pond sedimentation in central Belgium [J]. Geomorphology, 1999, 29(3): 275-292.

[289] VILLARREAL E L. Runoff detention effect of a sedum green-roof [J]. Nordic Hydrology, 2007, 38(1): 99-105.

[290] VIS M, KLIJN F, DE BRUIJN K M, et al. Resilience strategies for flood risk management in the Netherlands [J]. International Journal of River Basin Management, 2003, 1(1): 33-40.

[291] VOGEL R M, THOMAS W O Jr, MCMAHON T A. Flood-flow frequency model selection in southwestern United States[J]. Journal of Water Resources Planning and Management, 1993, 119(3): 353-366.

[292] VÖRÖSMARTY C J, MCINTYRE P B, GESSNER M O, et al. Global threats to human water security and river biodiversity[J]. Nature, 2010, 467(7315): 555-561.

[293] WADE T G., WICKHAM J D, ZACARELLI N, et al. A multi-scale method of mapping urban influence [J]. Environmental Modelling & Software, 2009, 24(10): 1139-1152.

[294] WAGENER T, WHEATER H S, GUPTA H V. Rainfall-runoff modelling in gauged and ungauged catchments[M]. Singapore: World Scientific Publishing, 2004.

[295] WARD D P, MURRAY A T, PHINN S R. An optimized cellular automata approach for sustainable urban development in rapidly urbanizing regions[J]. International Journal of Geographical Information Science, 1999, 7(5): 235-250.

[296] WARD D P, MURRAY A T, PHINN S R. Integrating spatial optimization and cellular automata for evaluating urban change [J]. The Annals of Regional Science, 2003, 37(1): 131-148.

[297] WEBER T, SLOAN A, WOLF J. Maryland's green infrastructure assessment: development of a comprehensive approach to land conservation [J]. Landscape and Urban Planning, 2006, 77(1/2): 94-110.

[298] WHEATER H S. Progress in and prospects for fluvial flood modelling [J]. Philosophical Transactions of the Royal Society, 2002, 360(1796): 1409-1431.

[299] WHEATER H, JAKEMAN A, BEVEN K. Progress and directions in rainfall-runoff modelling[R]. New York: John Wiley and Sons Ltd. 1993.

[300] WOLFRAM S. Cellular automata as models of complexity [J]. Nature, 1984, 311(5985) : 419-424.

[301] XI F, HE H S, CLARKE K C, HU Y, et al. The potential impacts of sprawl on farmland in northeast China-evaluating a new strategy for rural development [J]. Landscape and Urban Planning, 2012, 104(1): 34-46.

[302] YEO I Y, GORDON S I, GULDMANN J M. Optimizing patterns of land use to reduce peak runoff flow and nonpoint source pollution with an integrated hydrological and land-use model[J]. Earth Interactions, 2004, 8(6) : 1-20.

[303] YEO I Y, GULDMANN J M. Analyzing the relationship between peak runoff discharge and land-use pattern – a spatial optimization approach [J]. Hydrology and Earth System Sciences Discussions, 2009, 6(2) : 3543-3575.

[304] YEO I Y, GULDMANN J M. Global spatial optimization with hydrological systems simulation: application to land-use allocation and peak runoff minimization [J]. hydrology and earth system sciences, 2010, 14(2): 325-338.

[305] YOUNG P C. Rainfall - runoff modeling: transfer function models[J]. Encyclopedia of Hydrological Sciences, 2006, 11: 128.

[306] YOUNG P C. Data-based mechanistic (DBM) modelling[M]//Recursive estimation and time-series analysis. Berlin, Germany: Springer, 2011: 357-381.

[307] YOUNG P C, BEVEN K J. Data-based mechanistic modelling and the rainfall-flow non-linearity [J]. Environmetrics, 1994, 5(3): 335-363.

[308] YOUNG P C, GAMIER H. Identification and estimation of continuous-time, data-based mechanistic (DBM) models for environmental systems [J]. Environmental modelling & software, 2006, 21(8): 1055-1072.

[309] YU K. Ecological security patterns in landscapes and GIS application [J]. Geographic Information Sciences, 1995 , 1(2): 88-102.

[310] YU K. Security patterns and surface model in landscape ecological planning [J]. Landscape and Urban Planning, 1996, 36(1) : 1-17.

[311] YU K, ZHANG L, LI D. Living with water: flood adaptive landscapes in the Yellow River Basin of China [J]. Journal of Landscape Architecture, 2008, 3(2): 6-17.

[312] ZETTERBERG A, MÖRTBERG U M, BALFORS B. Making graph theory operational for landscape ecological assessments, planning, and design [J]. Landscape and Urban Planning, 2010, 95(4): 181-191.

[313] ZHANG G, GUHATHAKURTA S, LEE S, et al. Grid-based land-use composition and configuration optimization for watershed stormwater management [J]. Water Resources Management, 2014, 28(10): 2867-2883.

[314] ZHANG L, SEAGREN E A, DAVIS A P, et al. Long-term sustainability of escherichia coli removal in conventional bioretention media [J]. Journal of Environmental Engineering, 2011, 137(8): 669-677.

[315] ZHANG L, WANG H. Planning an ecological network of Xiamen Island (China) using landscape metrics and network analysis [J]. Landscape and Urban Planning, 2006, 78(4): 449-456.

[316] ZHANG Y, TARRANT M, GREEN G T. The importance of differentiating urban and rural phenomena in examining the unequal distribution of locally desirable land [J]. Journal of Environmental Management, 2008, 88(4): 1314-1319.

[317] ZHOU J, LIU Y, GUO H C, et al. Water environmental constraint regionalization and landscape pattern optimization for the Qinhe River Basin[J]. Research of Environmental Sciences, 2012, 25(5): 481-488.

[318] ZHOU Y, SHI T, HU Y, et al. Urban green space planning based on computational fluid dynamics model and landscape ecology principle: a case study of Liaoyang city, Northeast China [J]. Chinese Geographical Science, 2011, 21(4): 465-475.

[319] GRANT L. Multi-functional urban green infrastructure[R]. London: The Chartered Institution of Water and Environmental Management, 2010.